高等教育服装专业信息化教学新形态系列教材

丛书顾问：倪阳生 张庆辉

服装结构设计与应用·女装篇
（第2版）

主　编　闵　悦
副主编　冯　霖　易　城
参　编　李　凯　殷　磊　姜梅珍
　　　　胡美香　贾金喜

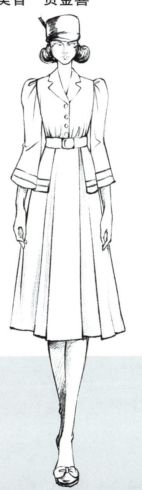

北京理工大学出版社
BEIJING INSTITUTE OF TECHNOLOGY PRESS

内 容 提 要

本书是"服装结构设计与应用"系列丛书中的一本,阐述了服装结构设计的基本过程、概念、方法,分析了服装结构与人体骨骼、肌肉、脂肪之间的关系,介绍了服装国家标准术语、符号、代号,重点论述了服装结构设计制图及上装、下装的结构设计原理,并利用原型对省、育克、领、袖、裙子等结构变化规律分别加以论述,力求理论与实际相结合,图文并茂,易于学习和理解。

本书可作为高等院校服装类各专业的服装结构设计教学用书,也可供服装企业技术人员阅读。

版权专有　侵权必究

图书在版编目（CIP）数据

服装结构设计与应用·女装篇 / 闵悦主编. —2版. —北京：北京理工大学出版社，2021.1（2021.4重印）

ISBN 978-7-5682-9515-4

Ⅰ.①服… Ⅱ.①闵… Ⅲ.①服装结构－结构设计－高等学校－教材 ②女服－结构设计－高等学校－教材　Ⅳ.①TS941.2 ②TS941.717

中国版本图书馆CIP数据核字（2021）第021116号

出版发行 / 北京理工大学出版社有限责任公司

社　　址 / 北京市海淀区中关村南大街5号

邮　　编 / 100081

电　　话 /（010）68914775（总编室）
　　　　　（010）82562903（教材售后服务热线）
　　　　　（010）68948351（其他图书服务热线）

网　　址 / http：//www.bitpress.com.cn

经　　销 / 全国各地新华书店

印　　刷 / 河北鑫彩博图印刷有限公司

开　　本 / 889毫米 × 1194毫米　1/16

印　　张 / 8.5　　　　　　　　　　　　　　责任编辑 / 钟　博

字　　数 / 228千字　　　　　　　　　　　　文案编辑 / 钟　博

版　　次 / 2021年1月第2版　2021年4月第2次印刷　责任校对 / 周瑞红

定　　价 / 55.00元　　　　　　　　　　　　责任印制 / 边心超

图书出现印装质量问题，请拨打售后服务热线，本社负责调换

FOREWORD 前言

我们根据高等院校服装专业教学特点，组织一批在教台第一线工作的教师，历时二年，通过集体创作，编写了一系列教学用书，包括《服装结构设计与应用·女装篇》、《服装结构设计与应用·男装篇》、《服装结构设计与应用·童装篇》等。本套书可作为高等院校服装类各专业的教学用书，也可作为服装企业技术人员以及服装制作爱好者的自学参考用书。

本书为《服装结构设计与应用·女装篇》，共分三部分讲述。

第一部分包括第一章至第三章，主要从服装结构设计的基本过程、基本概念、服装专业术语、符号、代号等基础知识入手，再结合立体裁剪的基本概念及制作手法，对人体的观察与分析、女性人体观察与测量、服装规格的设置及号型系列知识进行阐述。

第二部分包括第四章和第五章，主要对下装各类款式、历史及相关文化、款式的分类、款式制图原理、部位尺寸的测量、纸样展开原理及方法、立裁过程及主要原理和工艺流程进行分析和讲述。

第三部分包括第六章和第七章，通过日本文化式原型结构分析，系统地介绍了上装的概念、分类以及立裁原型衣、立裁省道转移、省缝转移原理与方法，并列举了各种服装款式的纸样设计实例，如衬衫、连衣裙、马夹、女套装上衣、风衣等，具有较强的实用性和可操作性。

上述三部分相辅相成，构成一部完整的女装结构设计技术教学用书。

本书由闵悦担任主编，由冯霖、易城担任副主编，李凯、殷磊、姜梅珍、胡美香、贾金喜参与编写。

由于编者水平有限，书中难免存在遗漏、错误及不足之处，恳请专家、各院校师生和广大读者批评指正。

编　者

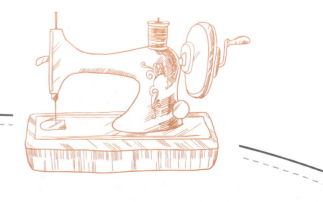

目录

第一章　服装结构设计概述 // 001
第一节　服装结构设计的基本过程 // 001
第二节　服装结构设计的基本概念 // 001
第三节　服装专业术语、符号、代号 // 002
第四节　服装制图工具与制图规则 // 004
第五节　服装结构设计立体构成与平面构成形式 // 009
第六节　比例裁剪法与原型裁剪法对比分析 // 009

第二章　服装人体的研究 // 011
第一节　人体的观察与分析 // 011
第二节　女性人体观察与测量 // 016
第三节　服装规格的设置 // 019
第四节　号型及号型系列知识 // 022

第三章　立体裁剪 // 027
第一节　立体裁剪概述 // 027
第二节　立体裁剪的基础知识 // 030

第四章　裙子 // 035
第一节　裙子概述 // 035
第二节　裙子的结构设计 // 037
第三节　裙子款式变化与纸样原理 // 048
第四节　裙子款式变化实例 // 053

第五章　裤子 // 057
第一节　裤子概述 // 057
第二节　裤子的结构制图与工艺 // 060
第三节　裤子纸样原理与变化 // 067
第四节　时尚裤子结构设计 // 070

第六章　衣身结构设计 // 077
第一节　上衣概述 // 077
第二节　原型衣的立裁制作及其结构 // 081
第三节　省的构成及位置 // 087

第七章　上装实例运用 // 100
第一节　衬衫结构设计 // 100
第二节　连衣裙结构设计 // 108
第三节　女式马夹结构设计 // 111
第四节　女套装结构设计 // 113
第五节　夹克衫结构设计 // 124
第六节　女士大衣、风衣结构设计 // 129

参考文献 // 132

第一章 服装结构设计概述

第一节 服装结构设计的基本过程

服装俗称"衣裳""衣服"。服装是一种源远流长的文化，它不是独立的个体，它不断吸收各方面的艺术养分从而得到启发，宗教、科学、美术等意识文化都可以成为服装设计的灵感来源。服装是人们每时每刻都离不开的生活必需品，不仅能起到遮体、护体、保健、御寒、防暑等作用，而且还起着装饰、美化、标志等作用。在一定程度上，服装反映着国家、民族和时代的政治、经济、科学、文化、教育水平以及社会风尚面貌。

服装设计系统工程是由三大块面所构成的：服装外观款型设计、服装结构设计、服装缝制工艺设计。简单地说，服装设计的过程就是服装产品的款式、结构、工艺的设计过程。

服装生产流程：面、辅料进厂检验→款式设计→结构设计技术准备→裁剪→缝制→锁眼钉扣→整烫→成衣检验→包装→入库或出运。

其中与服装结构设计过程相关的流程形式和过程为：服装市场调查、分析→款式设计方案、分析与确认→结构设计方案、解构与确认→工艺设计方案、制作与确认→服装销售市场调查、分析。

第二节 服装结构设计的基本概念

服饰装扮包括内外衣、上下装以及帽、鞋、袜、带、巾、首饰、包等各种服饰配件。这些服饰物品在很大程度上受到使用的结构形式影响，这样自然就产生了服装结构设计。

服装结构设计是在分析款式设计的基础上，按款式设计的意图和要求，根据人体数据进行结构分析，并考虑服装对人体的放松度与孔隙度，最后绘制成样衣基样图，使服装的立体感受体现为平面化样板形式。简单地说，服装结构设计可以理解为对服装结构的分解设计，是将款式设计的立体外观形态分解成二维状态的过程。服装结构设计既是外观款型设计的延续，也是缝制工艺的基础和技术文件，它处于服装系统工程设计的中间环节。

在进行服装结构设计的过程中，服装结构设计图（简称服装制图）就是通过对各部位的合理分析并选择准确分配的方案，绘制而成的符合服装款式造型特点的、能够准确反映服装成衣设计意图与工艺要求的平面图。

因此，结构设计人员在进行服装结构设计时，需从宏观角度进行服装结构设计的全面性、合理性分析，考虑所采用的结构形式是否能使设计达到和谐，即结构设计要使服装的设计产生总体和谐之美。结构设计人员不能单凭灵感、直觉和工作经验进行分析与构思，必须学习和服装结构设计相关的理论知识，才能使服装结构设计符合产品设计的要求。

第三节　服装专业术语、符号、代号

在我国的不同地区有不相同的服装习惯用语，这给服装工业生产技术的推广以及专业人员之间的交流带来麻烦。为促进我国服装工业生产技术向规范化方向发展，国家技术监督局于2008年颁布了国家标准《服装术语》（GB/T 15557—2008）。

服装专业标准术语又称服装专用术语，是服装专业用语的约定俗成。常用的服装专业用语是在长期的服装工业生产实践操作中逐步形成的，下面介绍服装工业生产中一部分常用的专业术语。

一、服装专业术语

（1）无领：是一种衣领结构类型，指领结构设计中只有衣身领圈线状态的设计，又称领口线领型。

（2）立领：是一种衣领结构类型，其封闭性较好，是保暖性服装常用的领结构形式。

（3）翻折领：是一种衣领结构类型，其前部呈敞开型且翻领部分与领座部分连为一体，是各类服装中常用的领型。

（4）坦领：属于翻折领中一种领座较低的类型，具有较好的装饰性。

（5）装袖：是一种袖与衣身在袖窿处缝合的衣袖结构形式。

（6）连袖：是一种衣袖结构主要类型，袖与衣身组合成一体的袖型。

（7）袖头：亦称克夫，原为装在袖口处使袖口能束紧的部件，现凡装于某部位起束紧作用的部件都称为克夫，如腰克夫、腿克夫等。

（8）襻：装于服装中需固定的部位上，一般在上面钉扣或锁眼，常有肩襻、袖襻、腰襻、腿襻等，其形式有布料做成的布襻、线绳编织成的线襻、金属制成的钩襻等。

（9）串带：是襻的一种，亦称腰襻。其宽度多为1～2cm，形状有带状、琵琶状、方块状等多种。

（10）基本线：上衣裁剪制图中的基本线，常指制图中的下平线。

（11）衣长线：与基本线平行的用于确定衣长的位置线，常指上平线。

（12）落肩线：表示从上平线至肩关节的距离。

（13）胸围线：表示胸围或袖窿深的位置线。

（14）底边翘高线：在底部摆缝处，由底边向上高出的尺寸线。

（15）翻领松量：为了使翻折领的翻领部分能按设计宽度自然地贴伏在衣身上而在翻领的前半部分和翻领的后半部分之间加入的量，有些作图方法是用角度来计算的，则此时应为翻领松度。

（16）上裆：裤装结构部位名称。裤装中对应人体前、后腰部至会阴点之间部位（亦称股上）的长度。

（17）下裆：一般指裤装中对应人体会阴点以下至足面部位的长度。

（18）横裆：是前、后裤片中横向的最大量，大小与人体尺寸和款式造型有关。

（19）后裆捆势：指裤后片的裆缝倾斜的程度。

（20）挺缝线：是裤子结构部位名称，即位于前、后裤片中央的烫痕，亦称烫迹线。

另外还需要掌握与了解以下服装专业术语的概念与特点：门襟、暗门襟、嵌线袋、立体贴袋、插肩袖、灯笼袖、泡袖、斜裙、领窝线、领座、翻领、翻折基点、袖山、袖肥、袖肘、拔裆等。

二、服装制图符号

服装制图符号见表 1-1。

表 1-1　服装制图符号

制图含义	制图符号	制图含义	制图符号
表示两片重叠		省道	
将临时省道合并，转至剪开线外		直角记号	
表示需将纸样合并		等分记号	
单向褶		粘衬部位线	
表示需将纸样水平展开，展开量为4cm，作为褶裥		连接 A、B 两点	
暗褶		裁剪线	
贴边线		对折线	
辅助线		归拢	
经向记号		拔开	
毛向记号		—	

三、服装制图代号

服装制图代号见表1-2。

表1-2　服装制图代号

胸围	B	胸围线	BL
腰围	W	腰围线	WL
臀围	H	臀围线	HL
领围	N	肘线	EL
肩宽	SW	膝盖线	KL
头围	HS	前颈点	FNP
袖长	SL	侧颈点	SNP
袖笼周长	AH	后颈点	BNP
胸高点	BP	衣（裤）长	L
袖口	CW	裤口	SB

第四节　服装制图工具与制图规则

一、服装制图工具

服装制图工具多种多样，这里只介绍3个主要的服装制图工具。

1. 尺（图1-1）

（1）直尺：长度应与制图台板相同，以1 500 mm的长度为宜，可安装在制图台板上使用。

（2）三角尺：规格以40 cm为宜，内角都有一个90°，其余内角是45°、45°、30°和60°。

（3）曲线尺（蛇尺）：如果有几个迹点不在一条直线上，又不在一个圆周上，要用一曲线把各点连接起来，这就需使用曲线尺。目前，市场上有一种"蛇尺"，由韧性塑胶材料制成，用其描绘曲线很便捷。

（4）弧形刀尺：弧形刀尺上有刻度，可画弧线，也可测量弧线长度。

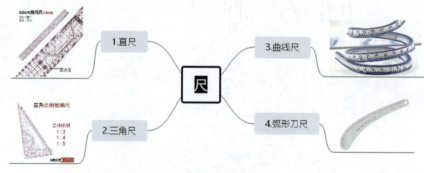

图1-1　尺

2. 笔

（1）笔：在制板时应选用 H ~ 4H 型的硬性铅笔，规格以 0.3 ~ 0.5 mm 铅芯为宜。

（2）彩色水笔：在制版时使用 3 种颜色的水笔作标记及纱向符号。

（3）槌针笔：在制版时，使用槌针笔定位，可槌透所需层数的制版纸。

3. 纸

（1）图纸格式。

幅面规格：所有制图图纸的幅面，应符合"制图图纸尺码规格"表中的规定，见表 1-3。

表 1-3　制图图纸尺码规格　　　　　　　　　　　　　　　　　　　mm

幅面代号	0	1	2	3	4	5
$b×1$	841×1 189	594×841	420×594	297×420	210×297	148×210
c	10	10	10	5	5	5
a	25	25	25	25	25	25

图纸格式：图纸不论是否装订，均要画出图框线，用细实线画出外边框线（0.3 mm 墨线），用粗实线画出内边框线（1 mm 墨线）。

图纸左侧留足装订位置，内、外边框之间的距离是 a=5，c=1，比例关系是 5∶1。例如 3，4，5 号图纸内、外边框之间的距离是 a=25 mm，c=5 mm；或比例关系 5∶2。例如 0，1，2 号图纸内、外边框之间的距离是 a=25 mm，c=10 mm。必要时，允许加长 0 ~ 3 号图纸的长边，加长部分的尺寸应为长边的 1/8 及其倍数（图 1-2）。

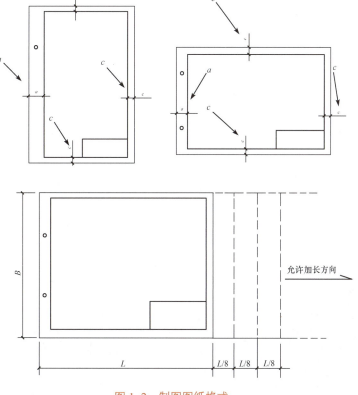

图 1-2　制图图纸格式

（2）标题栏内容。

标题栏又称图标，大图标用于0，1，2号图纸，位置在图纸的右下角；小图标用于3，4，5号图纸，位置在图纸的右下角。

标题栏内容可按国际服装制图的标题栏格式填写，也可按图样内容的需要来填制（表1-4、表1-5）。

表1-4　图纸标题栏——大图标的格式　（幅宽：125 mm/84 mm）

单位名称		产品名称		图纸代号		
款式图名		号型		成品规格		
		体型	部位	cm	cm	cm
设计者	日期	比例				
制图者	日期	面料				
描图者	日期	辅料				
校对者	日期					
审定者	日期					

表1-5　图纸标题栏——小图标的格式　（幅宽：65 mm/44 mm）

图名			
设计	日期	单位	
制图	日期	比例	
描图	日期	图号	
校对	日期		

（3）图样排列布局。

图纸标题栏的位置应在图纸的右下角；服装款式图的位置应在标题栏的上面或标题栏的左面；服装部件的制图位置，应在服装款式图的左边或上面（图1-3）。

图1-3　图样排列布局

服装结构制图的图样应严格按照服装的使用方位进行排列，不允许倒置（图1-4）。

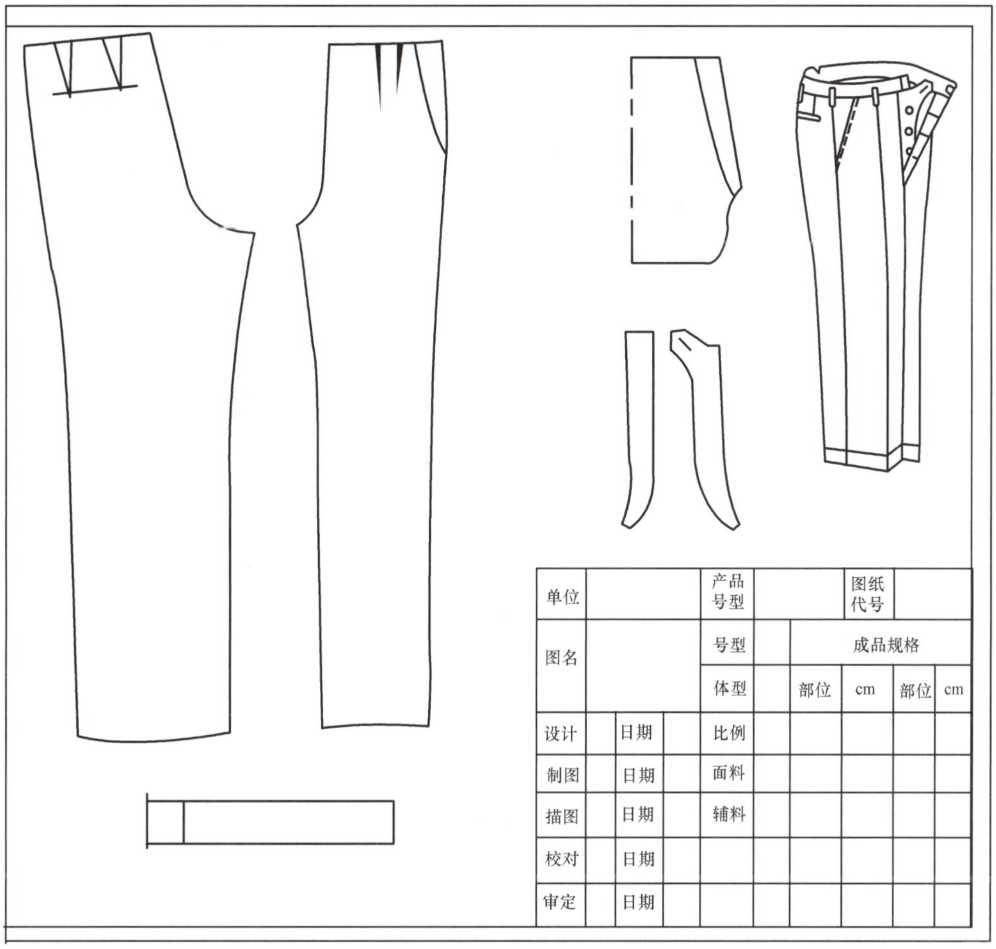

图1-4　服装结构制图的图样排列布局

服装部件排料图的图样应严格按照服装部件的使用方向进行排列，不允许出现偏差（图1-5）。

二、服装制图规范

我国的服装文化是随着我国文明和世界文明的发展而发展的。特别是我国加入世界贸易组织（WTO）之后，与世界各国在文化、科技等方面的交流日趋广泛与频繁，科学技术的发展与深入必然要求服装产业在设计、裁制技术上进一步加强其科学化、标准化、高档化、品牌化等方面的管理，以开创服装产业的新局面、新时代，使我国的服装文化重放光彩。

在服装产品的工业生产和结构设计中，服装制图是绘制服装工业产品初样、标准样和全套样的基础和根本，是服装设计与生产的初始环节，也是最重要的环节。服装制图是结构设计系统中不可缺少的初始环节，需要按准确的制图操作规程进行，才能达到服装结构设计所要求的科学化与标准化。

下面简单介绍服装制图的规范操作方式。

1. 由主要部件至零部件的绘制

由主要部件至零部件的绘制就是先画大面积裁片后画小面积裁片。

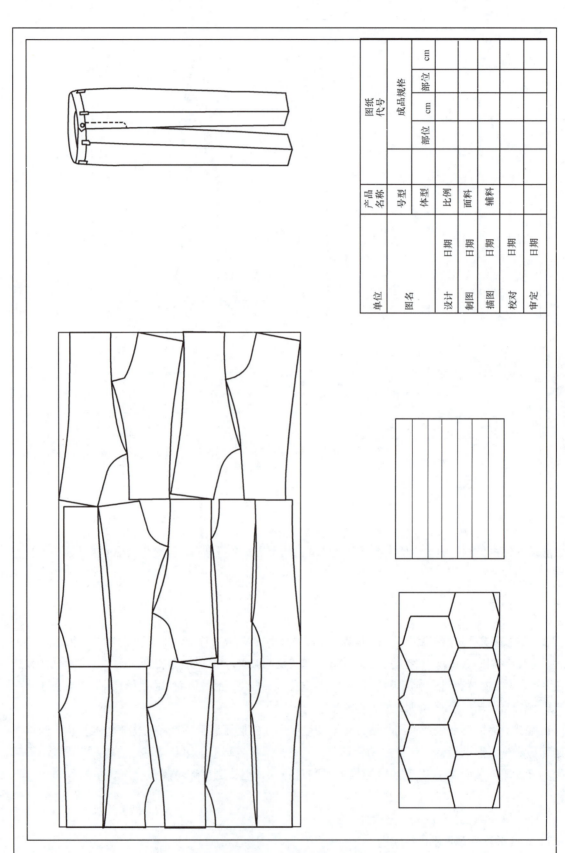

图 1-5　服装部件排料图的图样排列布局

（1）上装中的主要部件是指前、后衣片，大、小袖片。
（2）下装中的主要部件是指前、后裤片，前、后裙片。
（3）上装中的零部件是指领面、领里、挂面、口袋嵌线条、袋盖面、袋盖里、垫袋布、袋布等。
（4）下装中的零部件是指腰面、腰里、门襟、串带、垫袋布、袋布等。

2．由表至内里的绘制

由表至内里的绘制就是先绘制面料样板的制图，然后结合服装产品的工艺要求绘制里料和衬料图。为了达到样板或裁片之间整体的可操作性，在绘制时要注意与面料样板一起进行综合分析。

3．先画净样后画毛样

在服装制图中，净样板是指服装产品的样板中不含缝份量值和折边量值。毛样板是指包含了缝制时的工艺缝份量和折边量在内的样板。

制图时一般先画出产品的净样板，再按工艺缝制的具体要求，加放所需缝份及折边用量，完成毛样板之后还要在绘制好的毛样板上注明纱向、裁片数量等样板属性。

第五节　服装结构设计立体构成与平面构成形式

长久以来，服装结构设计一直采用比例法与原型法。作为最原始、最基本的结构设计方法，立体裁剪与平面裁剪有着较大的技术区别，对于立体裁剪而言，人体标记的准确性与面料纱向的准确运用是最为重要的因素，操作较为烦琐、费时。服装立体结构的合理分解，需要设计师经过大量的、感性的审美感觉的训练，既要保证款型的视觉效果，还要具有美化人体的效果，这对设计师的技术水平有着很高的要求。

如今的结构设计人员已经具备了相当的结构平面化处理的能力，立体裁剪技术可更为准确地表现服装的款式与造型，使两者形成完美的互补。毫无疑问，片面地强调立体构成方法或者平面构成方法的作用都是错误的，毕竟两者在结构设计中可以实现相辅相成的结合。

那么在服装结构设计中如何选择最佳的构成方法呢？这需要合理分析与把握立体与平面的区别与联系。

服装结构设计一般以立体裁剪为基础。通过形态的数据化分析，可适应比例裁剪法与原型裁剪方法的学习。目前立体裁剪技术的应用范围和研发进度都与平面裁剪技术并驾齐驱。

第六节　比例裁剪法与原型裁剪法对比分析

一、比例裁剪法

比例裁剪法是在测量人体主要部位的尺寸后，根据款式、季节、材料质地和穿着者的习惯加上适当放松量得到服装各控制部位的尺寸，再以这些控制部位的尺寸按一定比例公式推算其他细部尺寸来绘制裁剪图的方法。

比例裁剪法是我国服装制造业中普遍采用的一种直接的平面裁剪方法，适用于常见品种、款式简单、整体或局部结构变化少的服装，目前被我国很多服装企业中的制版师广泛采用。

二、原型裁剪法

原型裁剪法是以立体裁剪方法为构成基础的一种间接的平面裁剪方法。它首先需要绘出合乎人体体型的基本衣片即"原型",然后按款式要求在原型上作加长、放宽、缩短等调整来得到最终裁剪图。

　　这种方法相当于把服装结构设计分成了两步:第一步是考虑人体的形态,得到一个合适的基本衣片——原型;第二步是考虑款式造型的变化,对基本衣片(原型)进行变形。原型的建立使服装的结构剖析过程直观地在原型上作调整,减小了服装结构设计的难度,所以原型裁剪法是一种间接的裁剪方法,也可以说是立体裁剪形式与平面裁剪形式的结合。这种方法在国际上被广泛使用,适用于各种款式的服装结构设计。

三、两种方法的比较

1．比例裁剪法

　　比例裁剪法以成衣尺寸为中心,对整体尺寸的把握较为严谨,但用加放过的胸围等尺寸推算其他部位的尺寸会有一些误差。

　　在款式变化较大时,需要调整计算公式,对于不熟练的学习者会有一定的难度,但这种方法简便,可直接快速地在衣料上落图剪裁。

2．原型裁剪法

　　原型裁剪法在确定原型时,可以剔除款式变化的影响;有基本的合体衣片作基础,适用于变化较大的款式,以提高对服装结构设计理论的应用能力。

　　原型绘制形式也是采用比例分配的方法,与比例裁剪法是相通的,所以应对这两种方法深入了解以便熟练掌握。

微课:服装结构设计概述(一)　　微课:服装结构设计概述(二)

第二章
服装人体的研究

第一节　人体的观察与分析

一、人体的观察

在人体测量之前需要对所测量对象进行全面的人体观察，即对所要测量的人体进行从整体到局部的目测与分析以做好人体测量前的准备。人体观察过程其实就是对被测量人体体型特征进行一个心理的认知过程。

人体观察一般分三个阶段进行：

其一，以正常人体体态为标准，观察测量对象的个体特征，分析外部形态特点，判断其属于正常体型还是特殊体型。

其二，观察与服装造型相关的局部特征，并分析测量对象是否具有反身体、曲身体、平肩或溜肩等特点。

其三，对所观察对象进行局部特征的比较，确定与服装相关的廓型与省量、长度与比例以及松放量等内容。

观察与分析人体是为了更准确地进行人体的测量，人体测量是对观察分析后的人体各部位尺寸和形状再进行量化处理的操作过程。

其实对人体测量知识的掌握还包括人体测量术语、人体测量方法、人体测量数据的统计和应用等方面。

二、人体测量技术的发展

服装规格尺寸的确定是服装裁剪与制作的基础，而"量体"则是服装规格设置裁剪的最基本要求。任何一个时装款式，由于量体、裁剪好坏的不同，将产生完全不同的效果。因此，对于所有学习服装裁剪制作的人来说，是否掌握了量体裁衣的基本知识，对能否做出质量上乘、合体美观的服装是至关重要的。

为了进行比较精确的人体测量并获得全面而细致的人体数据资料，对人体的测量有一维、二维、三维之分。如马丁测量法是测量人体一维方向尺寸的人体测量方法。

根据测量仪器及方法的不同，测量值的性质亦不同，其技术操作上有手工测量、接触式三维数字化测量、非接触式三维数字化测量三种方法（图2-1）。

非接触式三维数字化测量法是测量人体时测量工具与人体不直接接触的人体测量方法。一般来说，莫尔等高线法、轮廓摄像法、三维全息测体法都属于此类方法。莫尔等高线法是运用光干涉原理在人体上形成木纹状曲线，根据木纹状曲线的浓淡来确定人体曲面凹凸程度的非接触式三维数字化测量方法。

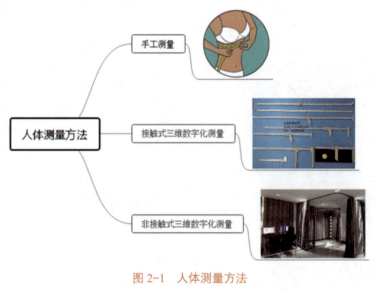

图 2-1　人体测量方法

三、人体测量的姿势

每种测量方法都有各自统一的测量要求，但被测量者在被测量时一般取立姿或坐姿。

（1）立姿：两腿并拢，两脚自然分开，全身自然伸直，双肩放松，双臂下垂自然贴于身体两侧。测量者位于被测量者的左侧。按照先上装后下装，先长度后围度，最后测量局部的程序进行测量。

（2）坐姿：上身要自然伸直并与椅子垂直，小腿与地面垂直，上肢自然弯曲，双手平放在大腿之上。

四、人体测量的注意事项

进行人体测量以前，首先必须对人体主要部位进行仔细观察。进行人体测量时，应注意以下几点：

（1）要求被测量者站立端正，姿势自然，不要深呼吸。

（2）围量横度时，应注意皮尺不要拉得过松或过紧，要保持水平。

（3）围量胸围时，被测量者两臂垂直；围量腰围时要放松腰带。

（4）冬季做夏季服装，或夏季做冬季服装，在进行人体测量时应根据顾客要求，适当缩小或放大尺寸。

（5）进行人体测量时要注意观察体型特征，对特殊部位要注明，以备裁剪时参考。

（6）不同体型有不同要求，对于体胖者尺寸不要过大或过小，对于体瘦者尺寸要适当宽裕。

（7）人体测量要按顺序进行，以免漏量。

（8）被测量者应姿态自然放松，最好在腰间水平系一条定位腰带。

（9）净尺寸测量：被测者应只穿基本内衣，测得尺寸是人体尺寸而非成衣尺寸。

（10）定点测量：测量时要通过基准点或基准线，例如，测量胸围时，软尺应水平通过胸高点（BP），测手臂长时应通过肩点、肘点和腕骨突点。

（11）围度测量：软尺要松紧适宜，既不勒紧，也不松脱地围绕体表一周，注意保持水平。

（12）长度和宽度测量：应使软尺随人体起伏，而不是测两端点之间的直线距离。

五、人体测量的内容

从测量方向上分析，人体测量包括以下的测量内容：高度测量与长度测量、围度测量与宽度测量。具体内容如下：

（1）高度测量：是指由地面至被测点之间的垂直距离，如总体高、身高等。测量时皮尺应与人体有一定距离，且皮尺与人体轴线平行。

（2）长度测量：是指两个被测点之间的距离，如衣长、腰节长、裙长等。测量时注意被测点定位要准确，并考虑款式特点等。

（3）宽度测量：是指两个被测点之间的水平距离，如胸宽、背宽、肩宽等。测量时考虑宽度的确定要与款式特点和风格协调等。

（4）围度测量：是指经过某一被测点绕体一周的长度，应在自然呼吸的状态下进行绕体测量，如胸围、腰围、臀围、颈围等。绕体测量时皮尺要注意呈水平状态，松紧程度要适宜，同时要顾及人体必要活动所引起的围度变化。

六、人体测量的部位

（1）身高——人体立姿状态下，头骨顶点垂直量至与脚跟平齐位置的直线距离，也称总体高，是设计服装长度规格的参量。

（2）颈椎点高——人体立姿状态下，颈椎点至地面的直线距离，也称身长，是设计连衣裙、风衣、大衣等长度规格的参量。

（3）坐姿颈椎点高——人体坐姿状态下，颈椎点至椅子面的直线距离，也称上体长，是设计衣长的参量。

（4）腰围高——腰部最细处至地面的距离，也称下体长，是设计裤长的参量。

（5）全臂长——肩端点至手腕尺骨胫突点的距离，是设计袖长的参量。

（6）后背长——由后颈点（第七颈椎点）沿后中线顺背部形态线量至腰节线的量。

（7）腰臀长——从人体体侧的腰节线量至臀围线的距离。

（8）前腰节长——依人体的胸部曲面形状，由肩颈点经乳峰点量至腰节线的距离。

（9）后腰节长——由侧颈点经肩胛凸点，向下至腰节线的距离。

（10）头围——用皮尺围量前额和后枕骨一周的长度。

（11）颈根围——用皮尺围量前颈点、侧颈点（肩颈点）、后颈点一周的长度。

（12）胸围——过胸部最丰满处用皮尺平量一周乳峰线（BPL）的长度。

（13）腰围——用皮尺水平绕腰部最细、最凹处平量一周的长度。

（14）臀围——用皮尺水平围量臀部最丰满处一周的长度。

（15）臂根围——经过肩端点和前、后腋窝点围量一周的长度。

（16）上臂围——水平围量上臂最丰满处一周的长度。

（17）腕围——用皮尺围量腕部一周的长度。

（18）掌围——拇指并入手心，用皮尺围量掌部最丰满处一周的长度。

（19）全肩宽——自左肩端点经过后颈点量至右肩端点的距离。

（20）后背宽——人体背部左、右后腋窝点之间的距离。

（21）前胸宽——人体胸部左、右前腋窝点之间的距离。

（22）胸高——自肩颈点至乳峰点的距离。

（23）乳间距——两乳点之间的距离。由乳下寸与乳间距可确定服装胸省的位置。

（24）臀高——从腰部最细处至臀围最高处的垂直距离。

（25）衣长——从紧贴颈部的肩缝处量起，通过胸部到紧贴身体下垂的大拇指中节。

（26）裤长——从髋骨以上 6 cm 处至离地面 3 cm 处。短裤从腰部最细处量起，向下至膝盖上 10 ~ 13 cm 处。

人体测量部位如图 2-2 所示。

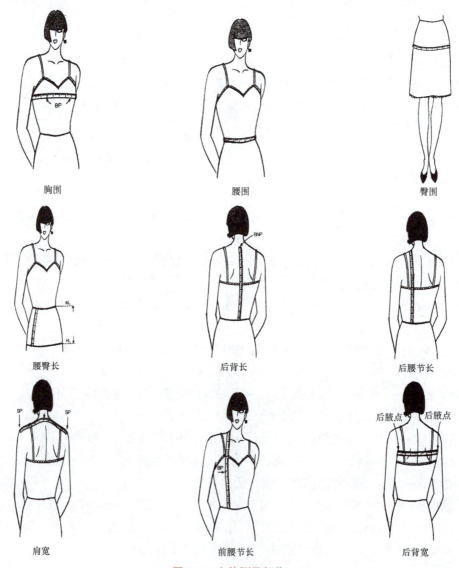

图 2-2　人体测量部位

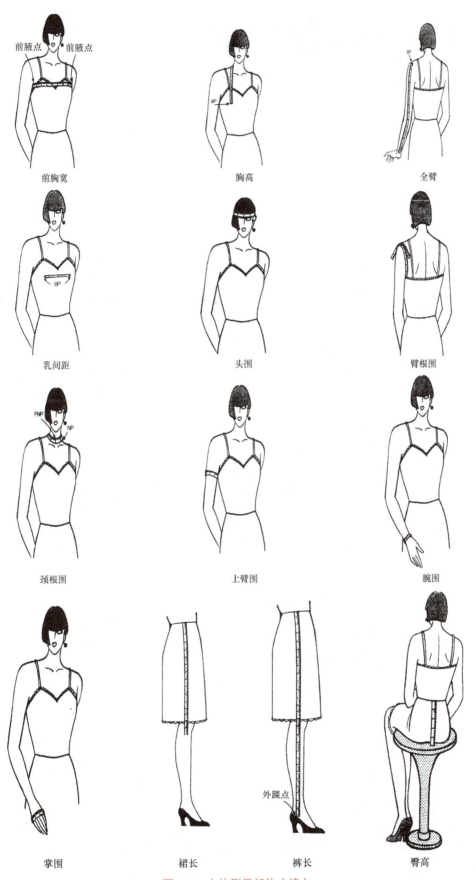

图 2-2 人体测量部位（续）

第二节　女性人体观察与测量

一、女性人体观察

服装要适体就要了解人体的生理构成，研究正常人体形态结构，研究人体运动器官的形态结构，把握运动对人体形态结构的影响及影响服装功能结构的相关因素，这就需要关注人体解剖学方面的知识。下面从对服装有较大影响的人体骨骼、肌肉与脂肪入手进行人体生理构造的观察分析（图2-3～图2-5）。

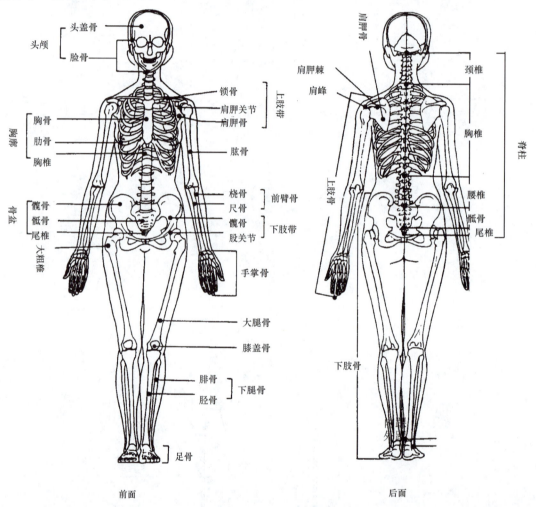

图2-3　人体骨骼

1. 人体骨骼构造

从性别的角度来看：男性的人体骨骼通常比女性粗壮，特别是肩骨宽，胸骨厚，四肢骨骼粗长；女性的肩部和胸廓较窄，四肢较纤细。男、女骨骼差异最大的是骨盆：男性的骨盆窄而臀平，而女性的骨盆宽而臀凸。

从人体横断面的角度来看：男性胸廓宽厚，骨盆窄且方；女性胸廓扁窄，但乳房突出，腰围纤细，骨盆扁宽。一般男性肩宽比臀宽大14～16 cm，而女性肩宽比臀宽只大2～5 cm。了解这些有助于表达性别区分性明显的合体型服装。

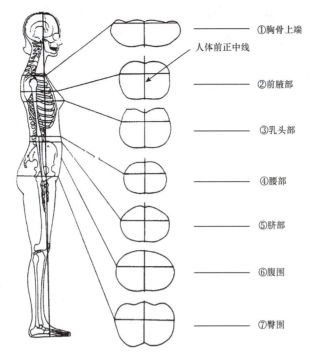

图 2-4　女体横截面特征

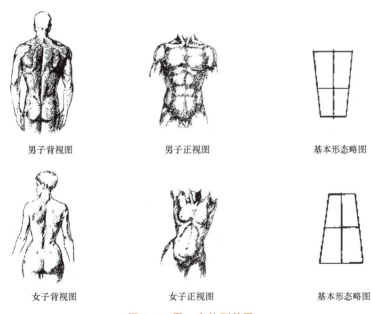

图 2-5　男、女体型差异

2. 人体的肌肉与脂肪

一般男性的身高通常比女性高 5~10 cm，体重约比女性重 5~15 kg。男性的肌肉发达，线条轮廓明显有力；女性的轮廓柔和圆润（女性脂肪较男性稍厚：男性的肌肉占体重的 42%，脂肪占 18%；女性的肌肉占体重的 36%，而脂肪却占 28%）。

一般女性皮下脂肪的堆积有两个阶段：第一个阶段是 16~18 岁在身材发育基本成熟后，开始积存少量脂肪；第二个阶段是 25~30 岁以后，特别是生育后再次堆积脂肪。其中女性脂肪较易沉积的部位依次为腰部两侧，臀部下围，髋骨两侧，腹部上下，胸部下侧和外侧，大腿内、外侧。这些部位的脂肪沉积使女性的体表形态产生极大的改变。

人体外表形态是较复杂的,每个人都有其基本的形态,认识人体主要的外部形态与服装造型的相关性是非常有必要的。应了解和掌握我国人体体型差异、各年龄段女性体型特征(少女体型特征、青年女性体型特征、中老年女性体型特征)等内容,以下是较为常见的体型特征:

(1)肩部。从正面观察肩部形态:溜肩、平肩、耸肩;从肩的横截面分析:前肩形、后肩形。

(2)胸部。从侧面观察胸部:反身、屈身;从胸部的横截面分析:扁平胸、圆厚胸。

(3)乳房。从侧面观察乳房:圆盘形、半球形、圆锥形、下垂形(图2-6);从乳沟宽度可分为:宽形、窄形。

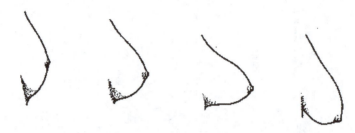

图2-6　乳房的形态

(4)腰部。腰部可分为:直身腰、细腰。

(5)腹部。腹部可分为:扁平形、肥满形、消瘦形、垂腹形。

(6)臀部。从后面观察臀部:六角形、三角形、椭圆形、直筒形(图2-7);从侧面观察臀部:扁平形、下垂形、标准形、后翘高挺形。

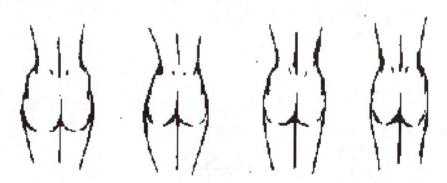

图2-7　臀部的形态

一般情况下:

(1)少女体型多为纤细的直筒形;

(2)青年女性体型多为曲线玲珑的椭圆形;

(3)运动员体型多为肌肉发达的三角形;

(4)中年以后体型多为脂肪堆积形成的六角形。

总之,人体各部位不同的形态决定了女装设计和裁剪的多样性、复杂性与独特性。针对不同的体型要"量体裁衣",在设计服装时应扬长避短,寻找能表达功能与美观的切入点,利用个性裁剪和材料的特性改变体型的不足之处,达到满足人体运动机能,同时又起到装饰美化体型作用的目的。

二、女性外部形态分析

人体体表是人体外部的表层曲面的总称。人体测量就是对人体体表的计测，是对人体体表的点、线、面进行测量的工作。人体测量狭义上是指静态计测，而广义上可以理解为对人体静止状态的"静态计测"和对人体运动状态的"动态计测"。

女装是直接服务于女性人体的，必须适应人体的动态性，因此其结构设计首先受到女性人体结构、人体体型、人体活动、运动规律和人体生理现象的制约。对于女装结构的适体性，即合体适穿的实用性要求，要把握静态和动态两个方面。

1．从静态方面处理好女装结构与人体体型结构的配合关系

女性人体有以下特点可影响女装的结构：

（1）女性肩窄宽而斜，窄于臀部。

（2）女性胸部呈凸起状，乳峰位显著而且相对受胸衣影响较大。胸部截面为偏正方形。

（3）女性腰位比男性偏高且腰围小，胸腰差、腰臀差比男性大，变动幅度大，上衣适宜收腰省以显示女性人体的特点。

（4）女性髋宽臀凸，上衣摆围变化幅度大，上衣摆围设计不宜过小。

（5）女性的体型特点使女装整体造型以 X 形、A 形和 H 形为主，以显示女性的体态美。

2．从动态方面处理好女装的适体性

女装结构设计的静态适体性，是指女性人体在相对静止情况下的三维空间形态。可是无论从女性的体型结构、性格习惯，还是人体活动等因素观察，女性人体均呈现较为复杂的曲面立体状，总是动多静少，而且活动量、运动量都不相同，放松量自然也就受到很多因素的影响。

要把握好女装结构设计的适体性，就必须对女性人体进行观察与分析。在运用服装号型标准进行成衣规格设计时，要充分注意女装结构设计适体性的动态要求，以满足人们对功能性、舒适性方面的需求。

"量体裁衣"概括了人体结构与服装设计之间的联系，即衣片形态的构成要符合人体的体型特点及心理要求，同时服装造型也要符合人们的审美要求。

因此，对人体生理、心理的观察与认识、测量与研究是掌握服装结构设计的基础。

第三节　服装规格的设置

在进行服装的结构设计时，要有效利用面料的特性去表现服装款式与造型，要在了解人体特征、掌握人体运动状态的基础上，正确地设置服装规格尺寸。

一、依据人体测量数据进行服装规格的设置

进行服装结构设计时，必须依据测量的人体尺寸数据进行服装规格设置，也就是说经过测量获得的人体尺寸数据是确定和设置服装规格的基本依据。

人体的高度是计算人体各长度部位的相关参量系数。如颈椎点高、坐姿颈椎点高、全臂长、腰围高等是设置服装长度规格如衣长、袖长、裙长、裤长等的基本依据。

人体的围度如胸围和腰围也是计算人体各围度、宽度的相关参量系数。如颈围、总肩宽、臀围等是设置胸围、领围、肩宽、腰围、臀围等规格的基本依据。

二、依据国家服装号型标准进行服装规格的设置

在服装产业迅猛发展的今天，国家服装号型标准既是服装生产中成衣规格设计以及消费者选购服装的重要依据之一，又是服装产品设计、生产和销售都需要遵循的技术法则。

服装规格设置主要是控制部位规格的设置，服装主要部位的规格，上装规格指衣长（L）、胸围（B）、腰围（W）、臀围（H）、肩宽（S）、领围（N）、袖长（SL）等，下装规格指裤（裙）长（TL/SL）、腰围（W）、臀围（HL）、上裆长（BR）等。其数值大小决定服装规格属性，是具体服装规格的主要构成成分，细部规格往往以控制部位的比例形式计算其数值。

例如规范的女西装穿着应限制内穿衣服，一般只穿衬衫或再加西装背心。其风格有较宽松型和较贴体型、贴体型三种，一般前两者较多见。其规格设计如下：

（1）衣长 =0.4× 身高 +6～12 cm（较短的取 6～8 cm，较长的取 10～12 cm）。

（2）胸围：

①较宽松风格胸围 =（净胸围 + 内穿衣厚度）+15～20 cm；

②较贴体风格胸围 =［净胸围 + 内穿衣厚度（如衬衫或薄秋衣，每件加 2～3 cm）］+10～15 cm；

③贴体风格胸围 =（净胸围 + 内穿衣厚度）+6～10 cm。

（3）肩宽：

① H 形肩 =0.3× 胸围 +12～13 cm；

② T 形肩 =0.3× 胸围 +14～16 cm。

（4）领围 =（0.25+ 内穿衣厚度）+18～20 cm。

（5）袖长 =0.3× 身高 +7～8 cm。

（6）胸腰差大于 10 cm 小于 24 cm 时，其臀胸差大于等于 0，小于等于 6 cm。

又如，旗袍是女装中较独特的类型，衣长一般应达到脚面，胸围一般为贴体型，领型为高立领，胸腰差一般为净胸围和净腰围的差数。其规格设计如下：

（1）衣长 =0.6× 身高 +25～30 cm；

（2）胸围 = 净胸围 +4～6 cm；

（3）肩宽 =0.3× 胸围 +11～12 cm；

（4）领围 =（0.25× 净胸围 + 内穿衣厚度）+15 cm 左右；

（5）其领后高为 4.5～5.5 cm，前高为 3.5 cm 左右；

（6）装袖短袖长 =0.15× 身高 +0～4 cm；

（7）装袖长袖长 =0.3× 身高 +5～6 cm；

（8）摆衩长度一般不高于臀围线以下 15 cm；

（9）小襟的宽度在摆缝处应大于等于 3 cm 而小于等于 6 cm。

三、服装松量加放标准

在实际制图中，服装规格需要根据具体情况来设置，不同部位要加放各不相同的松量值。表 2-1 所示为各种服装的测量、放松量及其间隙的参照值。

表 2-1　各种服装的测量、放松量及其间隙的参照值　　　　　　　　cm

品种	测量部位		放松量	间隙
	衣（裤）长	袖长	胸围、臀围	
中山装	拇指中节	腕部至虎口之间	12～16	2～2.7
西装	拇指中节至拇指尖	量至手腕下1	10～14	1.7～2.3
春秋装	虎口至拇指中节	量至手腕下2	12～16	2～2.7
夹克衫	虎口向上量3	量至手掌虎口上3	15～18	2.5～3
中式罩衫	拇指中节	腕部至虎口之间	14～17	2.3～2.8
长袖衬衫	虎口	量至手腕下2	12～16	2～2.7
短袖衬衫	虎口向上量1	肘关节向上3	12～16	2～2.7
长大衣	膝盖线向下量10	拇指中节	20～24	3.3～4
中大衣	膝盖线	虎口	20～24	3.3～4
短大衣	中指尖	虎口	18～24	18～4
风雨衣	膝盖线向下量10	虎口	20～24	3.3～4
长西裤	腰节线向上量3至离地面3处		8～14	1.3～2.3
短西裤	腰节线向上量3至膝盖线以上10左右		8～14	1.3～2.3
单外衣	腕下3至虎口	手腕下2左右	10～14	1.7～2.3
女西服	腕下3至虎口	手腕下1左右	8～12	1.3～2
女马夹	拇指中节至拇指尖	手腕下2左右	12～18	2～3
中式罩衫	腕下3至虎口	手腕下2左右	10～14	1.7～2.3
长袖衬衫	腕下2	量至手腕下1	8～12	1.3～2
短袖衬衫	腕部略向下	肘关节向上3～6	8～12	1.3～2
中袖衬衫	腕部略向下	肘、腕之间略向下	8～12	1.3～2
长大衣	膝盖线向下10左右	虎口	18～24	3～4
中大衣	膝盖线	虎口向上1	16～22	2.7～3.7
短大衣	中指尖	量至手腕下3	15～20	2.5～3.3
风雨衣	腕下10左右	虎口	20～24	3.3～4
连衣裙	膝盖线向下10左右	肘关节以上3～6	8～12	1.3～2
西装裙	腰节线以上3至膝盖线以下7之间		6～10	1～1.7
长西裤	腰节线以上3至离地面3处		6～12	1～2

第四节　号型及号型系列知识

一、服装号型标准

我国服装号型标准对成衣制造业的振兴、发展起到了极大的推动作用。

我国 GB 1335—1981 服装标准是从 1974 年开始，对全国 21 个省市 40 万人经过两年的体型测量调查后，运用科学的数学理论进行大量的数据分析、计算、归纳，总结出我国人体数据的规律后，于 1981 年制定，于 1982 年 1 月 1 日实施的第一套国家服装标准。这个标准历经近 10 年的实施与推广，促进了我国服装产业的发展。

国家服装号型标准系列先后修订了几次，最新的国家标准 GB/T 1335—2008 和国际标准接轨。

该标准在修订中取消了 5·3 系列，更新和增加了服装专业术语、人体各部位的测量方法及测量示意图。该标准中主要有《服装号型　男子》(GB/T 1335.1—2008)、《服装号型　女子》(GB/T 1335.2—2008)、《服装号型　儿童》(GB/T 1335.3—2009)三大内容。

随着服装的设计和生产逐步向正规化方向发展，服装商品在国内和国际的流通范围不断扩大，对服装的款式、品种、档次、质量的要求越来越高，服装方面的技术交流也日益频繁，这就要求建立一套系统的、科学的和规范的服装号型标准并和国际标准接轨。

二、服装号型

1．服装号型的定义

号型标识一般选用人体的高度（身高）、围度（胸围或腰围）加上体型类别来表示，是专业人员设计制作服装时确定其尺寸的参考依据。

（1）号：号是指人体的身高，是以厘米为单位表示的，是设计和选购服装长短的依据。

（2）型：型是指人体的上体胸围和下体腰围，是以厘米为单位表示的，是设计和选购服装肥瘦的依据。

2．体型分类

我国服装号型标准中将成人的体型分为四大类，这是以人体的胸围与腰围的差数为依据来划分的。

（1）我国成年人体型分类。

服装号型标准中成年人体型分类用 Y、A、B、C 表示。

Y 型：肩宽、胸大、腰细的体型，又称运动员体型。

A 型：胖瘦适中的普遍体型，又称标准体型。

B 型：微胖体型，又称丰满体型。

C 型：胖体型。

体型分类代号及范围见表 2-2、表 2-3。

表 2-2　男子体型分类代号及范围　　　　　　　　　　　　cm

男子体型分类代号	Y	A	B	C
男子胸围与腰围之差数	22～17	16～12	11～7	6～2

表2-3 女子体型分类代号及范围　　　　　　　　　　　　　　　　　　　　cm

女子体型分类代号	Y	A	B	C
女子胸围与腰围之差数	24～19	18～14	13～9	8～4

（2）外贸的服装中常标有Y、YA、A、AB、B、BE、E，其含义如下：
① Y型表示胸围与腰围相差16 cm；
② YA型表示胸围与腰围相差14 cm；
③ A型表示胸围与腰围相差12 cm；
④ AB型表示胸围与腰围相差10 cm；
⑤ B型表示胸围与腰围相差8 cm；
⑥ BE型表示胸围与腰围相差4 cm；
⑦ E型表示胸围与腰围相等。

在身长中，"1"代表150 cm；"2"代表155 cm；"3"代表160 cm；"4"代表165 cm；"5"代表170 cm；"6"代表175 cm；"7"代表180 cm；"8"代表185 cm。那么"A5"也就代表胸围与腰围相差12 cm，身高为170 cm。

另外，国家标准规定，在进行服装的结构设计、生产和销售时，必须标明号型和体型。如男装中间标准体上装170/88A、下装170/74A，是配套上、下装服装规格的代号或标志。"170"为号，表示身高为170 cm；"88""74"分别表示净体胸围为88 cm，净体腰围为74 cm；"A"为体型分类代号，表示胸围和腰围的落差值在16～12 cm范围内。对于套装系列服装，上装和下装必须分别有号型和体型分类标志。

3．号型系列

号型系列是在服装批量生产中制定规格以及购买成衣的参考依据。号型系列是以各体型中间体为中心向两边依次递增或递减组成的。

号型系列中身高以5 cm为分档值组成系列，即"5"表示"号"的分档数值。上装号型系列中，每5 cm为一档，每档的适用范围以该号上、下加减2 cm确定。如男子170号，即指服装适合身高为168～172 cm的男子穿着。女子160号，即指服装适合158～162 cm身高的女子穿着。

选购上装时，服装的型表示胸围。胸围以4 cm分档组成系列，即"4"表示"型"的分档数值。如男上装中88型，即表示服装适合胸围为86～89 cm的人穿着。女上装中84型，即表示服装适合胸围为82～85 cm的女子穿着。身高与胸围搭配分别组成5·4号型系列。

选购下装时，服装的型表示腰围。下装号型系列中腰围以4 cm或2 cm分档组成系列，如男下装型为74，即表示服装适合腰围为72～75 cm或73～74 cm的男子穿着。女下装中型为64，即表示服装适合腰围为62～65 cm或63～64 cm的女子穿着。身高与胸围、腰围搭配分别组成5·4或5·2号型系列。号型系列控制部位数值见表2-4、表2-5。

表2-4 男子5·4/5·2A号型系列控制部位数值　　　　　　　　　　　　　cm

部位	数值						
身高	155	160	165	170	175	180	185
颈椎点高	133.0	137.0	141.0	145.0	149.0	153.0	157.0

续表

部位	数值																
坐姿颈椎点高	60.5		62.5		64.5		66.5		68.5		70.5		72.5				
全臂长	51.0		52.5		54.0		55.5		57.0		58.5		60.0				
腰围高	93.5		96.5		99.5		102.5		105.5		108.5		111.5				
胸围	72		76		80		84		88		92		96		100		
颈围	32.8		33.8		34.8		35.8		36.8		37.8		38.8		39.8		
总肩宽	38.8		40		41.2		42.4		43.6		44.8		46.0		47.2		
腰围	56	58	60	60	62	64	64	66	68	68	70	72	70	74	76	76	78	80	80	82	84	84	86	88
臀围	75.6	77.2	78.8	78.8	80.4	82.0	82.0	83.6	85.2	85.2	86.8	88.4	88.4	90.0	91.6	91.6	93.2	94.8	94.8	96.4	98.0	98.0	99.6	101.2

表2-5　女子5·4/5·2A号型系列控制部位数值　　　　　　　　　　　cm

部位	数值															
身高	145		150		155		160		165		170		175			
颈椎点高	124.0		128.0		132.0		136.0		140.0		144.0		148.0			
坐姿颈椎点高	56.5		58.5		60.5		62.5		64.5		66.5		68.5			
全臂长	46.0		47.5		49.0		50.5		52.0		53.5		55.0			
腰围高	89.0		92.0		95.0		98.0		101.0		104.0		107.0			
胸围	72		76		80		84		88		92		96			
颈围	31.2		32.0		32.8		33.6		34.4		35.2		36.0			
总肩宽	36.4		37.4		38.4		39.4		40.4		41.4		42.4			
腰围	54	56	58	58	60	62	62	64	66	66	68	70	70	72	74	74	76	78	78	80	82
臀围	77.4	79.2	81.0	84.6	86.4	88.2	81.0	82.8	84.6	88.2	90.0	91.8	91.8	93.6	95.4	95.4	97.2	99.1	99.1	100.8	102.6

4．服装号型的标注

在市场销售的服装产品须标明服装的号型及人体分类代号，号型的标注应上、下装分别标明，且号与型之间用斜线分开，后接体型分类代号，即"号/型、体型分类代号"。

例如：女上装标注"160/84A"中的"160"代表"号"（身高），表示本服装适合身高为158～162 cm的女子穿着，"84"代表上体的型（人体胸围），表示本服装适合净胸围为82～85 cm的女子穿着，"A"代表体型分类特点，指本服装适合胸围与腰围的差数在为18～14 cm的女子穿着。

女下装标注"160/68A"表示该号型的裤子适合身高为158～162 cm、净腰围为67～69 cm、胸围与腰围的差数为18～14 cm的女子穿着。

三、童装号型知识

1．号型系列

（1）7·4和7·3号型系列。身高为52～80 cm的幼儿，身高以7 cm分档，胸围以4 cm分档，腰围以 3 cm 分档，分别组成 7·4 和 7·3 号型系列。

（2）10·4 和 10·3 号型系列。身高为 80～130 cm 的儿童，身高以 10 cm 分档，胸围以 4 cm 分档，腰围以 3 cm 分档，分别组成 10·4 和 10·3 号型系列。

（3）5·4 和 5·3 号型系列。身高为 135～155 cm 的女童和身高为 135～160 cm 的男童，身高以 5 cm 分档，胸围以 4 cm 分档，腰围以 3 cm 分档，分别组成 5·4 和 5·3 号型系列。

2. 童装号型的标注

童装号型的标注形式是号与型之间用斜线分开。童装号型的标注只由身高和胸围组成，不标体型分类代号。如童上装标注"150/68"是指身高为 150 cm、胸围约为 68 cm 的儿童适宜；同样，童下装标注"150/60"，其中"150"代表身高，"60"代表腰围。由于儿童处于不断成长的阶段，服装的松量设置与成年人不同，号型的标注中不标体型分类代号。

详细的内容请查阅《服装号型 儿童》（GB/T 1335.3—2009）、《服装术语》（GB/T 15557—2008）、《服装用人体测量的尺寸定义与方法》（GB/T 16160—2017）等。表 2-6 所示为日本女子尺寸参考数据。

表 2-6 日本女子尺寸参考数据

		S		M			L		LL		EL
		5YP	5AR	9YR	9AR	9AT	13AR	13BT	17AR	17BR	21BR
身围尺寸 /cm	胸围（B）	76		82			88		96		104
	胸下围（UB）	68	68	72	72	72	77	80	83	84	92
	腰围（W）	58	58	62	63	63	70	72	80	84	90
	臀上围（MH）	78	80	82	86	86	89	92	94	100	106
	臀围（H）	82	86	86	90	90	94	98	98	102	108
	臂根围（抬肩）	35		37			38		40		41
	臂围	24		26			28		30		32
	肘围	26		28			29		31		31
	手腕围	15		16			16		17		17
	掌围	19		20			20		21		21
	头围	54		56			56		57		57
	颈围	35		36			38		39		41
宽度尺寸 /cm	背肩宽	38		39			40		41		41
	背宽	34		36			38		40		41
	胸宽	32		34			35		37		39
	乳头点之间隔	16		17			18		19		20
长度尺寸 /cm	身高	148	156	156	164	156	164	156	156		
	总长	127	134	134	142	134	142	135	135		
	背长	36.5	37.5	38	395	38	40	39	39		
	后长	39	40	40.5	42	40.5	42.5	41.5	41.5		
	前长	38	40	40.5	42	41	43.5	43	44.5		
	乳下长	24		25			27		28		29
	腰长	17		18		19	18	19	18		19

续表

		S		M		L		LL		EL
		5YP	5AR	9YR	9AR	9AT	13AR	13BT	17AR	17BR	21BR
长度尺寸/cm	股上	25		26		27	27	28	28		30
	股下	63	68	68		72	68	72	68		67
	袖长	50		52		54	53	54	54		53
	肘长	28		29		30	29	30	29		29
	膝盖长	53	56	56		60	56	60	56		56
体重/kg		43	45	48	50	52	54	58	62	66	72

［该尺寸是根据日本文化服装学院的计测资料和日本工业规格（JIS）的人体尺寸，从多方面加以研究计算出来的，可作为尺寸设置的参考。］

微课：服装人体的研究（一）

微课：服装人体的研究（二）

第三章 立体裁剪

第一节 立体裁剪概述

一、立体裁剪的概念

立体裁剪是区别于服装平面制图的一种裁剪方法，是完成服装款式造型的重要手段之一。立体裁剪在法国称为"抄近裁剪"（cauge），在美国和英国称为"覆盖裁剪"（dyapiag），在日本则称为"立体裁断"（draiping）。它是一种直接将布料覆盖在人台或人体上，通过切割、折叠、抽缩、拉展等技术手法支撑预先构思好的服装造型，再从人台或人体上取下布样在平台上进行修正，并转换成服装纸样再制成服装的技术手段。

二、立体裁剪的起源与发展

立体裁剪并不是一种新的裁剪方法，它有着悠久的发展史。

1. 起源

在原始社会，人类将兽皮、树皮、树叶等材料简单地加以整理，在人体上比画求得大致的合体效果，加以切割，并用兽骨、皮条、树藤等材料进行固定，形成最古老的服装，这便产生了最原始的裁剪技术。

随着科学技术的发展，人类逐渐学会了简单的数据运算和几何图形绘制方法，于是又产生了平面裁剪技术。由于平面裁剪方便快捷，人们渐渐淡化了立体裁剪。

2. 发展

文艺复兴后，立体裁剪技术有了很大的发展。13世纪，欧洲服装开始注意和谐的整体效果，在服装上表现为三维造型意识。15世纪，哥特时期，耸胸、卡腰、蓬松裙身等立体造型兴起。18世纪，洛可可服装风格确立，它强调三围差别，注重立体效果的服装造型。

真正运用立体裁剪作为生产设计灵感手段的是20世纪20年代的设计大师玛德琳·维奥尼（Madeleine Vionnet），她认为"利用人体模型进行立体裁剪造型是设计服装的唯一途径"，并在设计的基础上首创了斜裁法（biascut），使服装设计进入一个新的领域。

3．国外情况

立体裁剪这一造型手段是随着服装文明的发展而产生和发展的，西方服装史将服装造型分为非成型、半成型和成型三个阶段，每个阶段都代表了西方服装史的发展过程，而立体裁剪产生于第三个阶段，也就是历史上的哥特时期，在这一时期，随着西方人文主义哲学和审美观的确立，在北方日耳曼窄衣文化的基础上逐渐形成了强调女性人体曲线的立体造型，这种造型从此成为西方女装的主题造型，随后在服装的定制过程中逐渐得到发展，因为定制服装要求合体度高，所以以实际人体为基础进行立体裁剪是必然的，这种方法一直沿用到今天的高级时装制作。随着成衣业的发展，人们开始采用一种标准尺寸的人体模型来代替人体完成某个服装型号的立体裁剪。

4．国内情况

我国一直以平面裁剪为主，并逐渐形成一系列较为完整的平面裁剪理论。随着服饰文化与服装工业的飞速发展，我国的服装产业进入个性化时代，人们对服装款式、档次、品位的要求不断提高，对服装设计与裁剪技术提出了更高的要求。服装裁剪技术已成为品牌竞争的核心技术和元素。虽然平面裁剪快捷、方便，但在个性化服装的造型上却有其局限性，并在一定程度上影响了品牌的发展；而立体裁剪有平面裁剪所没有的优越性及互补性。

早在20世纪80年代，我国部分高校将立体裁剪技术引入教学，并且将其作为一门新的课程逐渐在全国服装专业院校普及。现在，"立体裁剪"已成为服装专业学生的必修课。

三、立体裁剪的应用范围

立体裁剪技术广泛应用于服装生产、橱窗展示和服装教学。

（1）服装生产分为两种不同的形式，即产量化的成衣生产和单件的度身定制，因此，立体裁剪在服装生产中也常因生产性质的不同而采用不同的技术方式：一种为立体裁剪与平面裁剪相结合，利用平面结构制图获得基本版型，再利用立体裁剪进行试样、修正；另一种为直接在标准人台上获得款式造型和纸样。立体裁剪在服装生产中要求技术操作的严谨性。

（2）用于服装展示设计的立体裁剪。立体裁剪因其在造型手段上的可操作性，在用于服装生产的同时也比较多地用于服装展示设计，如橱窗展示、面料陈列设计、大型的展销会的会场布置，其夸张、个性化的造型在灯光、道具和配饰的衬托下，将款式与面料的尖端流行元素感性地呈现在观者眼前，体现商业与艺术的结合。

（3）用于服装教学的立体裁剪。在服装教学中，除了上述两方面的学习与应用外，应更加注重对学生的造型和材料应用能力的潜能开发，通过对设计、材料、裁剪和制作等环节的研究，使学生逐步掌握立体裁剪的思维方式和手工操作的各种技能，从而熟练地将创作构想完美地表达出来。在教学实践中应鼓励学生拓展思维，大胆实践，从造型到材料的选择都应具有一定的独创性，同时建立造型、材料和缝制间的相互联系，并对其他因素进行相关评价。

四、立体裁剪与平面裁剪的比较

1．立体裁剪的优势与不足

立体裁剪的优势：

（1）可边摸索边改进，及时观察效果并纠正；

（2）在进行立体裁剪时，可以发现新的轮廓线条，为创作新设计提供新的思路（引发设计灵感）；

（3）对服装的垂直与平衡——稳定感、对特体或贴体服装、对服装的病例分析和纠正都很有效；

（4）可帮助理解服装各部位的省、褶、裥以及归、拨、推等工艺的处理。

立体裁剪可以解决平面裁剪中难以解决的问题（如布料厚薄、悬垂程度、皱褶量大小的估算等），有助于理解平面裁剪，可以弥补平面裁剪的不足。

立体裁剪的不足：

（1）需用特定的人台（衣架）；

（2）用料大；

（3）费时。

一般意义的立体裁剪是依据人台进行的，如果能在人体上进行立体裁剪更为理想，因为人台是静体，在活动量方面应参照实际人体状态加以充分考虑。

2．平面裁剪的优势

（1）平面裁剪是实践经验的总结与升华，具有很强的理论性。

（2）平面裁剪的尺寸较为固定，比例分配相对合理，具有较强的操作稳定性和广泛的可操作性（如使用传统的比例分配法，设计制作一套服装只需一些基本尺寸，如胸围、肩宽、袖长、衣长、臀围、腰围、裤长，对于加工生产或成衣生产极为有效）。

（3）由于具有可操作性，对于一些基本型产品而言，平面裁剪是提高生产效率的一个有效方式。如西装、夹克衫、衬衫等较为稳定的产品款式就非常适合采用这种方法。

（4）平面裁剪能够灵活控制松量，如1/4胸围+5，其中5为松量，这便于初学者掌握与应用。

五、立体裁剪与平面裁剪过程的比较

（1）立体裁剪过程：根据效果图（或款式图）进行款式分析并初裁布料→获得款式初型→按初型假缝、试穿→整理修改布样→拓印布样于纸板上（即将布样转化为纸样）→加放缝份和对位标记→获得服装款式样板。

（2）平面裁剪过程：测量人体（或依国家或企业标准）→依据规格尺寸利用公式制图→加放缝份与对位标记→得出服装样板。

两种方法的裁剪过程不同，但都可获得款式的样板。样板质量的好坏主要取决于设计师、打板师的审美能力和技术水平等。

六、立体裁剪的工作步骤

（1）款式分析。

①效果图（或款式图）；

②产品的组成元素：对设计师给予的效果图和设计说明以及深入的各种元素进行分析，然后确定比例关系；

③描述：将分析的结果以文字形式描述下来；

④确定比例；

⑤放置裁剪线：用白色织带在人台上标出裁剪线（如叠门线、省道、下摆、领线、袖窿等）。

（2）坯布在人台上的贴身处理。

①布的准备：依据款式量取每片衣片的用料，所用的布料断料时均应用手撕开，然后理顺布料的纱向，并烫平；

②蒸汽整理：用蒸汽熨斗进行坯布整烫，使坯布的经、纬纱相互垂直；

③对称轴；

④坯布的固定。

（3）裁片的整形处理。将初次在人台立体造型的衣片取下烫平，并且将标识点连为光滑的曲线，然后假缝。

（4）模特儿试衣。

（5）样衣评述、修改。

第二节　立体裁剪的基础知识

一、立体裁剪的构思

立体裁剪的构思过程不同于平面裁剪，它既可以先绘好效果图，依图造型，也可以仅在一个抽象的构思基础上直接设计，因为立体裁剪的一个突出的特点就是可操作性强，即在操作过程中可随时调整原始设计，因此，采用立体裁剪有利于设计的完善和加强。另外，将面料直接挂在人台或人体上，根据面料产生设计灵感也是立体裁剪的构思过程。

二、立体裁剪的工具与材料

1．人台

人台（图3-1）是现代立体裁剪中的必备工具，包括用于成衣生产的标准人台和用于度身定制的特体人台以及用于内衣研究的裸体人台。人台还分为半身人台和全身人台等。

2．珠针

珠针是立体裁剪专用大头针，针身细长，便于刺穿多层面料。

3．彩色水笔

立体裁剪中使用红、蓝或红、绿彩色水笔各一支，用于在面料上作出纱向标记。

4．针和线

针和线用在立体构成后，取代大头针进行布片的缝合，针和线的型号要依据面料而定。

5．坯布

立体裁剪多用白坯布作为代用布，以降低成本，在选择代用布时应尽量选择与面料质地相近的代用布，以保证最终造型的完整性和稳定性。

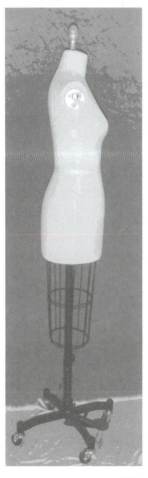 

图 3-1　立体裁剪用人台

6．剪刀

由于人体裁剪操作的独特性，一般采用 9# 或 10# 剪刀。

7．黏合带

黏合带用于人台上标示线和款式造型线的确定，一般采用及时贴来代替，以起到标识的作用。

8．其他

除了上述基础工具与材料外，熨斗、笔、画粉、尺、有齿滑轮、复写纸、牛皮纸等也是必要的工具（图 3-2）。

三、大头针固定标识的方法

根据应用部位的不同，大头针的别插方法略有不同。

（1）抓合固定法：将两块试衣布依照造型线的位置用大头针固定，使缝份向外留 2 cm 余量后剪去多余布料，如图 3-3（a）所示。

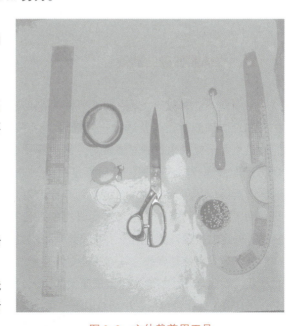

图 3-2　立体裁剪用工具

（2）盖别固定法：在第一块试衣布与第二块试衣布相接处，先将第一块试衣布依造型线折向背面，留出 2 cm 缝份后剪去多余布料，然后把第一块试衣布的造型线与第二块试衣布的造型线对齐，用大头针固定，如图 3-3（b）所示。

（3）重叠固定法：将两块留出 2 cm 余量未经折叠的试衣布重叠在造型布上，用大头针固定，如图 3-3（c）所示。

（4）藏针固定法：从一块试衣布的褶线插入大头针，穿过另一块试衣布，再回插入褶线内合缝线的位置。这种方法能显示出造型线完成后的缝合效果，如图 3-3（d）所示。

另外还必须注意，在操作时大头针的方向要保持一致，排列形式呈水平平行状或斜向平行状，针距要均匀，如图 3-3（e）所示。总之，能够熟练地运用大头针的固定方法是立体裁剪的基本功之一。

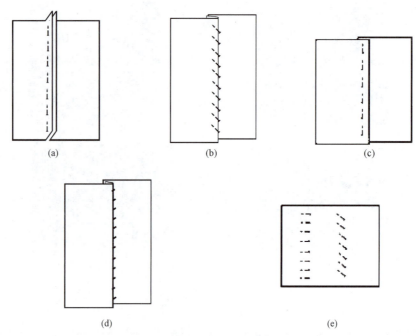

图 3-3　大头针固定的标识方法

四、立体裁剪前的准备

（1）进行立体裁剪之前必须进行相关的准备工作。

①人体模型补正与整理。一般来说，所采用的大多数人体模型都是用于工业生产的标准化模型，如果用于成衣生产的立体裁剪，则只需要选择相应号型的人台即可，如果为单位定做，则需要对现有人台进行相应调整，补出不足之处，如胸围的大小、肩的高低、背部的厚度、腹部与臀部的丰满度等，尽可能地将人台调整到与穿着对象体型相近。人台补正多使用棉花、垫肩、坯布等布料。除了因特定对象的体型差异而进行的人台补正以外，对于某些特异造型的款式也同样需要对人台进行一定的整理，尤其对于那些较为夸张的立体造型，需要给人台加上布垫等支撑物。

②确定人台的基础线。基础线是立体裁剪过程中的对位线与参考线，是保证纱向正确、造型稳定的基础，因此基础线的确定应该是谨慎的。人台的基础线主要包括颈围线，胸围线，臀围线，前、后中心线，公主线，侧缝线，小肩线以及袖窿。其中三围线应保持水平，而前、后中心线则保持垂直。

（2）标示线。纵向：前中心线、后中心线、侧缝线、前公主线、后公主线；横向：胸围线、腰围线、臀围线；其他：领围线、肩线、臀根线。

（3）基准线的标记步骤与方法如下：

①前、后中心线（重物吊垂）；

②胸围线、腰围线、臀围线（水平）；

③前、后公主线：前经过胸高点、腰线至臀围线、后经过肩线；

④领围线、臀根线；

⑤肩线、侧缝线；

⑥假手臂的制作：假手臂主要用于袖子的立体裁剪，制作假手臂的材料主要有棉布、棉花或腈纶棉、硬纸板、针线等。

五、立体裁剪的技术原理

1．立体裁剪所用布料纱向

立体裁剪所用布料丝道必须归正。许多坯布多存在着纵、横丝道歪斜的问题，因此在操作之前要将布料归烫，使纱向归正、布料平整，同时也要使坯布衣片与正式的面料复合时保持二者的纱向的一致，这样才能保证成品服装与试样的服装造型一致。

2．立体裁剪的缝份处理技术

缝份实际上是指衣片之间的连接形式。整件服装是由缝份将各个衣片连接起来所形成的造型，因此缝份处理技术至关重要，由于立体裁剪具有很强的直观性，缝份处理直接影响着服装的操作与整体造型，所以缝份处理技术显得更为突出与实际。

（1）缝份的设置：缝份应尽可能地设置在人体曲面的每个块面的结合处，即女性胸高点左、右曲面的结合处——公主线；胸部曲面与腋下曲面的结合处——前胸宽下侧的分割线；前、后上体曲面的结合处——肩线；腋下曲面与背部曲面的结合处——后背宽下侧的分割线；背部中心线两侧曲面的结合处——背缝线；腰部上部曲面与下部曲面的结合处——腰围线等。缝份设计在相应的结合处使服装的外型线条更清晰地与人体形态吻合。

（2）缝份的形状：缝份从设计角度而言具有很强的创造性，即设计领域是宽泛的，然而结合结构设计的合理性与工艺制作的可行性，则会受到一定的制约，因此进行缝份处理时要注意尽可能将缝份两侧的形状设计成直线或与人体形状相符的带弧线的线条形状，同时两侧的形状应尽量相同或相近，以便于缝制。

六、人体补正

理想化人体模型与现实生活中的人体是有差异的。现在所使用的人体模型是经过对人体各部位数据的分析、归纳、整理，并运用数理统计规律而得出的较理想、具有代表性的模型。它虽然适合多种体型，但不能显示出各种体型之间的微妙差异，特别是特殊体型的特征，所以要对人体模型作各种不同的修正。虽然是修正，但是不能切、割、削，只能采用追加的方法，用棉花做成需要追加的形状，然后用布包裹在模型上。

1．胸部的补正

要特别强调胸部特征时，可以为人台穿上胸罩，或利用棉花做成胸垫，用大头针别在胸部，注意胸垫的边缘要逐渐变薄，胸部才会自然。

2．强调肩部造型的补正

对于平肩造型或强调肩部的服装时，可利用垫肩将肩斜减小。

3．肩胛骨突出、背部较厚补正

为了使背部肩胛骨具有起伏的美感，以配合流行的需要，可使用棉花模仿肩胛骨倒三角形的形状，贴在肩胛骨部位作补正。棉花固定好以后，检查是否和人体模型吻合，再为人体模型穿上针织紧身衣。

背厚者用棉花做垫逐渐加厚，以避免有高低差距。

4．强调臀部曲线的补正

体型会随年龄而变化，尤其是婚后生育过的妇女，其腰臀间的曲线不如年轻时圆顺，常有脂肪堆积，造成臀部突起或臀部下垂，此时可利用棉花修正后再进行立体裁剪。

七、原型放松量的设计

原型放松量的设计：

（1）推移法：在操作之前在胸宽处推出一定的放松量，并用大头针临时固定。

（2）放置法：在立体裁剪完成之后，直接在侧缝处加放松量。

八、衣身的修正

由于立体裁剪技术难度较大，裁剪部位较难保证精确，因此，对于左右对称服装通常只做出右衣身，而左衣身则根据右衣身进行裁剪，因此衣身的修正是必不可少的。

（1）将布样从人台上取下，置于平台上，用熨斗烫平；

（2）用打样尺重新描顺领窝、袖窿弧线以及侧缝、肩缝等；

（3）检查相关部位是否合理，再依据右衣片剪裁左衣片；

（4）将左、右衣片用手针缝合起来并重新固定在人台上，各相关部位如口袋、纽扣均按实样裁剪并放于相应的部位，以检查服装的整体造型是否完整。

微课：立体裁剪（一）

微课：立体裁剪（二）

微课：立体裁剪（三）

第四章 裙子

第一节 裙子概述

一、裙子的概念

裙子是指围裹在人体腰节线以下部位的服装，无裆缝，一般用于女性穿着（除苏格兰男裙及舞台男裙外）。裙子能以连衣裙或独立的形式存在。

二、裙子的发展历史及相关文化

裙子是女性服装中特有的类型，在女性服装中历史最早。由于它是女性服装中最能体现女性魅力的服装款式，故深受女士们喜爱。裙子的形式多样，是至今仍保持原始形态的服装类型之一。

裙子起源于公元前3 000年左右，在古埃及人们用布缠在腰间并打结，在腰部把布卷起或缠绕。进入13—14世纪，随着收省、拼缝等缝纫技术的发展，裙子从以前的平面结构转变为立体结构，从这个时候起，男、女服装有了区别，裙子从此成为女性最基本的服装。16—18世纪，人们越来越重视服装的造型及其装饰性，人们在裙子内加入了衬裙，人为地使裙子膨胀。其典型的代表有16世纪的裙箍和18世纪的法国洛可可风格的裙笼（从两侧向外张开的造型）。法国大革命（1789年）以后，夸张的裙撑被取消，而造型自然的帝国式高腰裙闪亮登场，但到拿破仑三世时，裙撑再次出现，但裙撑的材质由原先的金属、鲸鱼骨等变成硬衬布。19世纪末，衬垫取代了裙撑被加在臀部，形成臀部隆起的造型，这是裙子夸张形态的终结。

进入20世纪，经过两次世界大战，女性的社会地位逐渐提高，受到女性运动热潮以及女性日常生活变化的影响，原先只起装饰作用的裙子逐渐演变为功能性较强的裙子。其中，裙子长度的变化则成为流行的最大要素，1947年，法国设计师克里斯蒂安·迪奥发表的裙子长度（距离地面13 cm）是最有特色的款式。1960年，法国设计师安东·库里久斯的迷你裙（膝上10 cm）和英国设计师玛丽·奎恩特的迷你裙（膝上20 cm）的裙长成为当时最敏感的话题。之后，1960年下半年，又出现了中长裙（距离地面10 cm），随着流行元素的变化，裙子因此出现了各种长度的造型。

现在，随着社会的发展、生活方式的变化，人们崇尚个性和流行元素相结合，裙子在日常生活、工作场所、社交晚会上都受到广大女性的青睐。

现代裙子主要有套装裙、连衣裙及独立穿着的裙子，它除了长度的变化外，还有形态上的变化。随着生活的多样化，目前，在这个张扬个性的着装时代，裙子无论在面料、设计还是制作方法上都越来越多样化。

三、裙子的分类

裙子的款式千变万化，种类和名称繁多，从不同的角度有不同的分类。

1．根据长度分类

根据长度，裙子可分为超短裙、短裙、及膝裙、中长裙、长裙、超长裙等（图4-1）。

2．根据裙腰的形态分类

根据裙腰的形态，裙子可分为低腰裙、高腰裙、中（齐）腰裙、装腰裙、无腰裙、连腰裙等。

3．根据造型及款式分类

根据造型及款式，裙子可分为筒裙（H形）、窄裙（Y形）、喇叭裙（A形）、鱼尾裙（S形）、收腰大摆连衣裙（X形）等。

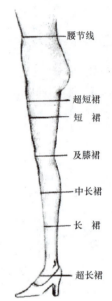

图4-1　裙长示意

四、裙子的功能性

服装必须满足一定的功能性，而裙子则以不妨碍日常生活及下肢运动最为重要，如行走、跑步、上下台阶以及坐、蹲、盘腿等。在满足人静态穿着的前提下，裙摆大小则是控制裙子功能性的重要因素（图4-2）。

在正常的步幅下，裙长越大，行走对裙摆要求的尺寸就越大；对于苗条造型的裙子而言，裙长超过膝盖时，步行所需的裙摆量就不足，因此常通过开衩、抽缩、折裥等设计来调节。根据日常的活动要求，一般开衩的缝合止点或折叠的位置可选择在膝盖以上15～20 cm处（图4-3，实验条件为身高160 cm的人正常行走的平均步幅）。

五、裙子的测量部位

（1）裙长：在髋骨上3 cm处沿侧缝量至所需长度。

（2）腰围：在腰部最细处水平围量一周。

（3）臀围：在臀部最丰满处围量一周。

（4）臀高：从腰围线至臀围线的长度。

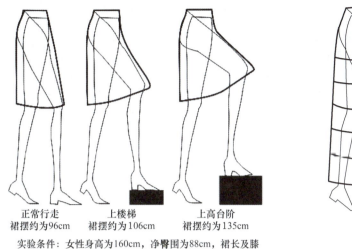

图 4-2　裙摆大小的功能性

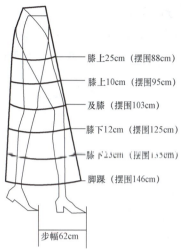

图 4-3　裙长与行走的关系

六、裙子结构线名称

裙子结构线名称如图 4-4 所示。

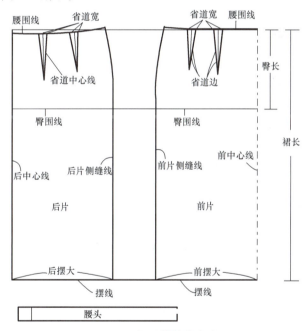

图 4-4　裙子结构线名称

第二节　裙子的结构设计

一、直筒裙

1. 款式特征

直筒裙（图 4-5）整体上为直筒形，前、后裙片的左、右各设两个省道，齐腰包臀，能很好地勾勒出女性的曲线美，是传统且经典的款式之一。

2．测量要点

（1）裙长：在髋骨上3 cm处沿侧缝大约量至膝盖部位的长度。

（2）腰围：在腰部最细处水平围量一周，放松量不宜过大，以0～2 cm为宜。

（3）臀围：在臀部最丰满处围量一周，放松量以4～5 cm为宜（面料无弹性）。

3．制图规格

号型：160/68A；

裙长：60 cm；

臀围：94 cm；

腰围：69 cm。

4．制图要点

（1）臀围线的确定：由上平线向下18～20 cm作上平线的平行线。

图4-5　直筒裙款式图

（2）为了正面的美观，侧缝宜偏后些，因此，在裙子的制图中，臀围分配宜采用1/4分配法或前裙片为1/4臀围加0.5～1 cm，后裙片为1/4臀围减0.5～1 cm。

（3）后中腰口低落的原因：后中腰口比前腰口低落1 cm左右，是由女性体型所决定的。侧观人体，可见腹部前凸，而臀部略有下垂，这样，腹部的隆起使前裙腰向斜上方移升，后腰下部的平坦使后腰下沉，致使整个裙腰处于前高后低的非水平状态，后中腰口比前腰口低落1 cm左右就能使裙腰部处于良好状态。

（4）侧缝处的裙腰缝起翘的原因：人体臀腰差的存在，使裙侧缝线在腰口处出现劈势，因为侧缝有劈势使前、后裙腰身拼接后在腰缝处产生了凹角。起翘的作用就在于能将凹角得到填补，即使整个腰线圆润、顺畅。

5．结构设计图

直筒裙的结构设计图如图4-6所示。

6．制图步骤

（1）前片。

①前中心线：是人体对称轴，是画腰围、臀围的基础线。

②上平线：垂直于前中心线作一条水平线。

③下平线：垂直于前中心线作另一条水平线，与上平线的距离为：L-腰头宽（3）=57 cm。

④臀围线：由上平线向下18～20 cm作上平线的平行线。

⑤臀围大：在臀围线上量取（H/4+0.5～1）cm做前中心线的平行线。

⑥腰围大：在上平线上量取（W/4+0.5～1）松量加省量。

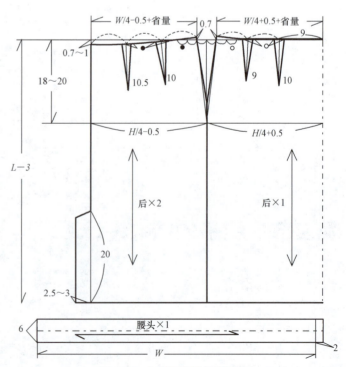

图4-6　直筒裙的结构设计图

（2）后片。

①后中线、上平线、下平线、臀围线：分别从前片相应的线条进行水平延长使用。

②臀围大：在臀围线上量取（H/4-0.5～1）cm作后中线的平行线。

③腰围大：在上平线上量取［W/4-0.5～1）（放松量）＋省量］cm。

④后开衩：在后中心线上从下平线起向上量取20cm，在此位置作后中心线的垂线，宽度为3～4cm。

（3）腰头。

①长：［腰围＋搭门宽（2）］cm。

②宽：2.5～3cm。

7．直筒裙立裁

（1）坯布准备如图4-7所示。

（2）立裁制作（后身）。

①将布料后中心线与后人台中心线附合，并用大头针固定（图4-8）。

②将布料臀围线对齐人台的臀围线，并在臀围线处预留0.5～1cm的放松量（图4-9）。

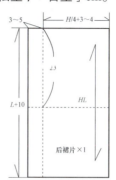
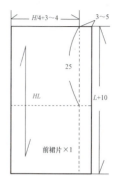

图4-7　坯布准备

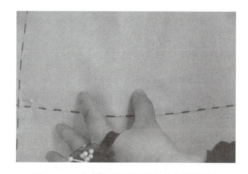

图4-8　附合后中心线与后人台中心线　　图4-9　布料臀围线对齐人台臀围线

③将侧缝处臀围线以上纱向推平，并用大头针固定（图4-10）。

④将形成的臀腰差量进行均匀收省（图4-11）。

⑤确定后身腰省的宽度及省尖部位（图4-12）。

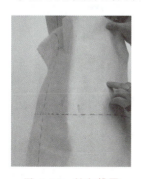

图4-10　纱向推平　　　图4-11　收省　　　图4-12　确定后身腰省的宽度及省尖部位

⑥清剪腰线处缝份，并打上剪口（图4-13）。

⑦在腰线及侧缝处贴标示线（图4-14）。

⑧将各部位做好标注，取下修样（图4-15）。

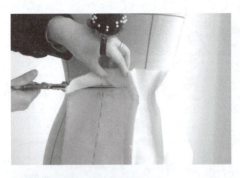
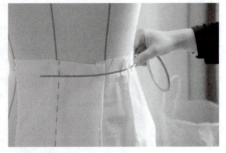

图 4-14　贴标示线

图 4-13　清剪腰线处缝份　　　　　　　　图 4-15　做标注

（3）立裁制作（前身）。

①将布料前中心线与人台前中心线附合，并用大头针固定（图 4-16）。

②将布料臀围线与人台的臀围线对齐，并在臀围处预留 0.5～0.7 cm 左右的放松量（图 4-17）。

③将侧缝处臀围线以上纱向推平，并用大头针固定（图 4-18）。

图 4-16　附合布料前中心与人台前中心线　图 4-17　对齐布料与人台臀围线　图 4-18　纱向推平

④将形成的臀腰差量进行均匀收省（图 4-19）。

⑤确定前身臀省的宽度及省尖部位（图 4-20）。

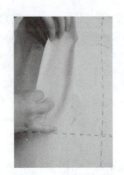

图 4-19　收省　　　　　　　　图 4-20　确定前身臀省的宽度及省尖部位

⑥清剪腰线处的缝份，并打上剪口（图4-21）。

图4-21　清剪缝份

⑦在腰线及侧缝线处贴标示线（图4-22）。
⑧按标示线清剪侧缝处缝（图4-23）。

图4-22　贴标示线　　　　　　　图4-23　清剪侧缝处缝

⑨将各部位做好标注，取下修样（图4-24）。
⑩立裁后修正样板（图4-25）。

图4-24　做标注　　　　　　　图4-25　修正样板

（4）直筒裙的组合效果如图4-26所示。

图4-26　直筒裙的组合效果

二、A字形短裙

1．款式特征

A字形短裙（图4-27）整体为A字形，前、后片左、右各设一个省道，齐腰合臀，选择不同面料能变换出不同的风格，或活泼可爱、或成熟优雅，是简约、经典的代表款式之一。

2．制图规格

号型：160/68A；

裙长：45 cm；

臀围：94 cm；

腰围：70 cm。

3．测量要点

裙长：在髋骨上3 cm处沿侧缝大约量至膝盖以上15 cm左右的长度。腰围和臀围的测量基本与直筒裙相同。

4．结构设计图

A字形短裙的结构设计图，如图4-28所示。

图4-27　A字形短裙款式图

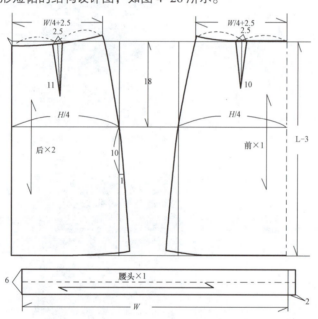

图4-28　A字形短裙的结构设计

三、双向褶裙

1．款式特征

双向褶裙（图4-29）整体为A字形，无腰，育克分割与双裥结合，造型活泼，下摆打开的量较大，是功能性与艺术性完美结合的代表款式。

2．制图规格

号型：160/68A；

裙长：45 cm；

图4-29　双向褶裙款式图

腰围：70 cm；

臀围：94 cm。

3．制图要点

（1）以A字形短裙的结构设计图为基础进行育克分割线的设计，以视觉美为准，高低可以调节。

（2）前片褶裥量决定着裙摆的活动量，一般为12～15 cm。

4．结构设计图

双向褶裙的结构设计图如图4-30所示。

前片育克图和前片展开图如图4-31所示。

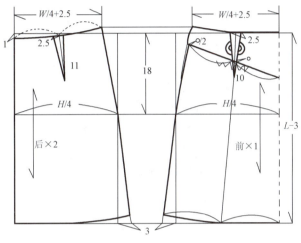

图4-30　双向褶裙的结构设计图

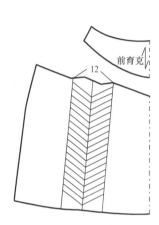

图4-31　前片纸样设计图

5．育克裙立裁

（1）坯布准备如图4-32所示。

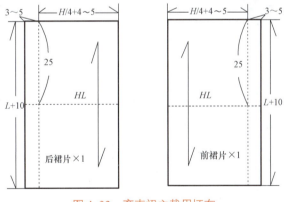

图4-32　育克裙立裁用坯布

（2）立裁制作（前身）。

①将准备的育克坯布中心线与人台中心线附合，并用大头针固定（图4-33）。

②在腰围线处留0.5 cm余量，将其余的量推至侧缝（图4-34）。

③将侧缝处臀围线以上纱向推平，并用大头针固定（图4-35）。

④在腰线及侧缝处贴标示线（图4-36）。

⑤设计育克线造型，用标示线贴出并清剪缝份（图4-37）。

⑥将准备的下裙坯布中心线与人台中心线附合，用大头针固定（图4-38）。

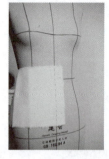  

图 4-33　附合育克坯布中心线与人台中心线　　图 4-34　将余量推至侧缝　　图 4-35　纱向推平

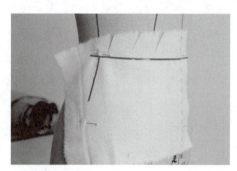 

图 4-36　贴标示线

图 4-37　清剪缝份　　图 4-38　附合下裙坯布中心线与人台中心线

⑦在断育克线处标出制作活褶的部位并制作阴扑裥（图 4-39）。

⑧按上育克下端的设计线标出下裙的接缝线（图 4-40）。

图 4-39　制作阴扑裥　　图 4-40　标出下裙接缝线

⑨用标示线顺势贴出侧缝线，并清剪侧缝处缝份（图 4-41）。

⑩将各部位做好标注，取下修样（图 4-42）。

图 4-41　清剪侧缝处缝份　　　　　　　　　图 4-42　做标注

（3）立裁制作（后身）。

①将布料后中心线与人台后中心线附合，并用大头针固定（图4-43）。

②将布料臀围线与人台的臀围线对齐，并在臀围线处预留0.5～1 cm（图4-44）。

③将侧缝线纱向推平，用大头针固定（图4-45）。

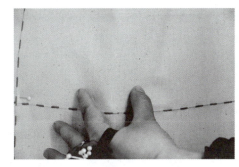

图 4-43　附合布料后中心线与人台后中心线　　图 4-44　对齐布料与人台臀围线　　图 4-45　纱向推平

④将形成的臀腰差量进行均匀收省（图4-46）。

⑤确定好后身臀省的宽度及省尖部位，并在腰线处打剪口（图4-47）。

图 4-46　收省　　　　　　　　　图 4-47　打剪口

⑥在腰线及侧缝线处贴标示线（图4-48）。

图 4-48　贴标示线

⑦将各部位做好标注,取下修样(图4-49)。
⑧立裁后修正样板,如图4-50所示。

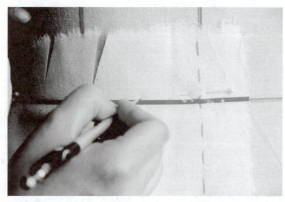
图4-49 做标注

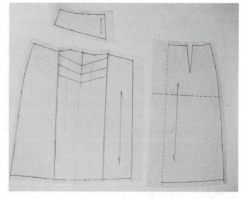
图4-50 修正样板

⑨双褶裙的组合效果如图4-51所示。

图4-51 双褶裙的组合效果

四、节裙

1. 款式特征

碎褶与横向分割的结合是节裙的最大特点,其整体上具有很强的动感和韵律美,各种面料的组合与对比色彩丰富,意趣横生,是裙子设计传承与创意完美结合的代表款式。节裙生命恒远,经久不衰(图4-52)。

2. 制图规格

号型:160/68A;
裙长:70 cm;
腰围:70 cm。

3. 测量要点

裙长:在髋骨上大约3 cm处沿侧缝量至膝盖以下10 cm左右。
腰围:与直筒裙相同。
不控制臀围尺寸。

图4-52 节裙款式图

4．制图要领

裙长分割和褶量的设定可大致按黄金分割比（3∶5∶8）分配，使其整体呈现分割美。

5．结构设计图

节裙的结构设计图，如图 4-53 所示。

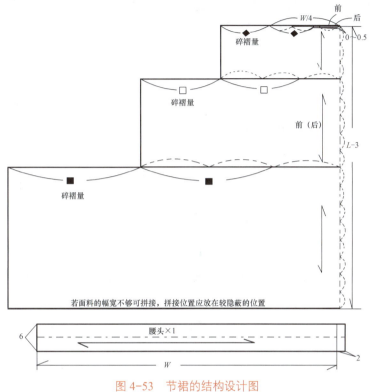

图 4-53　节裙的结构设计图

五、休闲长裙

1．款式特征

休闲、自我，又不乏时尚感是现在很多人的追求，而休闲长裙是最好的选择，裙片纵向弧形分割线、大大的贴袋都在传递轻松、自在、时尚的感觉（图 4-54）。

2．制图规格

号型：160/68A；

裙长：85 cm；

腰围：70 cm；

臀围：94 cm。

3．制图要点

裙长较长，后片下摆为满足穿着行走的需要在分割线下开衩。臀围分配为前加后减 1 cm，腰围分配为前加后减 2 cm，调节侧缝线的位置，使整体比例协调。

4．结构设计图

休闲长裙的结构设计图如图 4-55 所示。

图 4-54　休闲长裙款式图

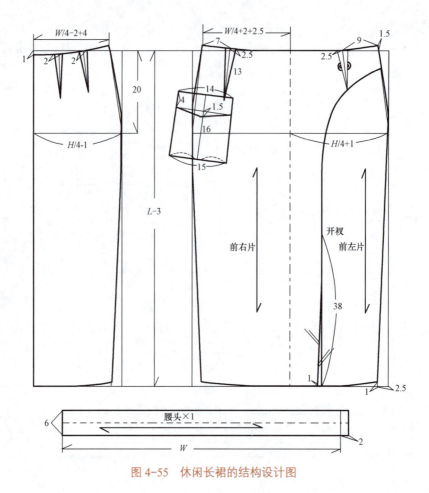

图 4-55　休闲长裙的结构设计图

第三节　裙子款式变化与纸样原理

一、纸样展开方法

（1）合并省展开法（图 4-56）。

①把全部的省量都闭合；

②将省量转移至下摆；

③根据下摆展开量的大小确定省量闭合的多少。

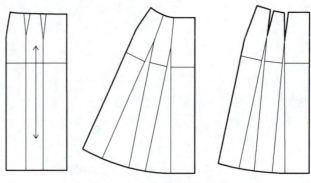

图 4-56　合并省展开法图例

（2）以基点为圆心展开法（扇形展开法）（图4-57）。

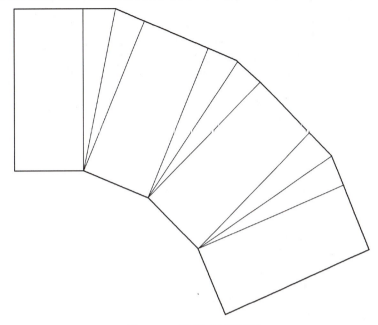

图4-57　扇形展开法图例

（3）上下差异展开法（梯形展开法）（图4-58）。

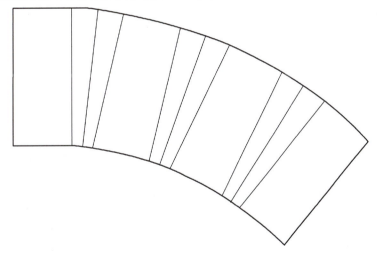

图4-58　上下差异展开法图例

（4）平行展开法（长方形展开法）（图4-59）。

图4-59　平行展开法图例

二、裙子款式变化原理分析及实例

裙子款式变化有其固有的规律。

从表面看，裙子的造型是沿三个基本结构规律变化的，即廓型、分割和打褶。这三种规律中决定造型的是廓型。

具体到裙子的廓型，从外观上看影响裙子外形的是裙摆，而实质制约裙摆的关键在于裙腰线的构成方式。从紧身裙到整圆裙的变化中可以看出这个规律。

裙子款式的变化以基础裙为基础，由基础裙变化出各种款式的裙子。

1. 合体裙

紧身裙在裙子造型中是一种特殊结构，正好处在贴身的极限。日常生活中常见的有西装套裙、一步裙、窄摆裙等。由此可见，基础直筒裙纸样与紧身裙纸样的特征相同，紧身裙结构如果用基础裙纸样代替，则需要增加一些功能性设计，即为了达到穿脱方便要在后中下段装拉链，为了行走方便要在后中下端设计开衩等。

半紧身裙在臀部以上基本合体，臀部以下可以变化较大。

（1）基础裙纸样如图4-60所示（制图见本章第一节）。

（2）基础裙变化成一步裙，如图4-61所示。

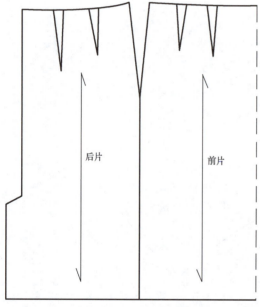

图4-60 基础裙纸样

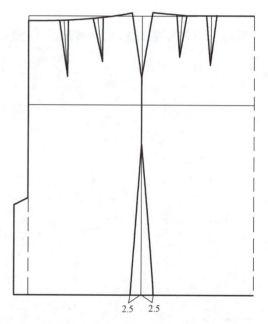

图4-61 基础裙变化成一步裙

（3）基础裙变化成斜裙，如图4-62所示。

2. 半圆裙和整圆裙

半圆裙是指裙摆的阔度正好是半个圆；整圆裙是指裙摆的阔度正好是一个圆，是整体裙摆结构的极限。

半圆裙将长方形均匀展开形成90°角，保持腰的大小不变。整圆裙将长方形均匀展开形成180°角，保持腰的大小不变。由于面料斜纱有很强的拉伸性，所以在斜纱部位，要根据面料的厚薄缩进一定的量。

（1）半圆裙的结构设计图如图4-63所示。

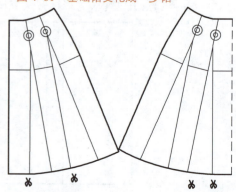

图4-62 基础裙变化成斜裙

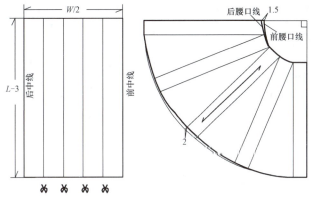

图 4-63　半圆裙的结构设计图

（2）整圆裙的结构设计图如图 4-64 所示。

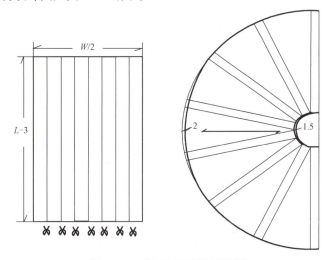

图 4-64　整圆裙的结构设计图

3. 分割裙

（1）分割造型的原则。人体的体型特征是服装的分割线及其制图的依据。

第一，分割线设计要以结构的基本功能即穿着舒适、方便，造型美观为前提。

第二，纵向分割在与人体凹凸点不发生明显偏差的基础上，尽量保持平衡，使余缺处理和造型在分割中达到结构的统一。

第三，横向分割，特别是在臀部、腹部的分割线，要以凸点为确定位置。在其他部位可以依据合体、运动和形式美的综合造型原则设计。

（2）竖线分割裙的设计。竖线分割裙就是通常所说的多片裙，如四片裙、六片裙、八片裙、十片裙等，也可采用单数分割，如三片裙、五片裙等。

① 基础裙变化：六片裙的结构设计图如图 4-65 所示。

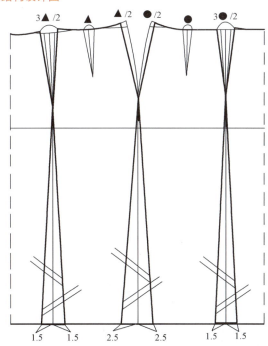

图 4-65　六片裙的结构设计图

②基础裙变化：八片裙的结构设计图如图4-66所示。

4. 褶裥裙

（1）褶的造型。省和分割线都具有两重性：一是合身性，二是造型性。从结构形式上来讲，打褶也具有这种两重性。换句话说，省和分割线可以用打褶的形式取代，它们的作用相同，而呈现出来的风格却不一样。这就是说褶同样是为了余缺处理和塑形而存在的，然而褶却能使服装造型而更具时尚感，褶具有独特的运动感和装饰性以及多层性的立体效果。

（2）褶的分类特点。褶大体上分为两种：一是自然褶；二是规律褶。自然褶具有随意、多变、丰富和活泼的特点，它本身又分两种，即波形褶和缩褶，使其外向而华丽；规律褶表现出秩序的动感特征，其本身也分两种，即普力特褶和塔克褶，使其内向而庄重。

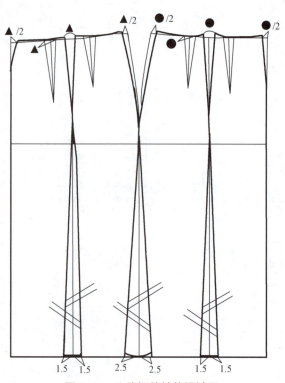

图4-66　八片裙的结构设计图

基础裙变化：对褶裙的结构设计图如图4-67所示。

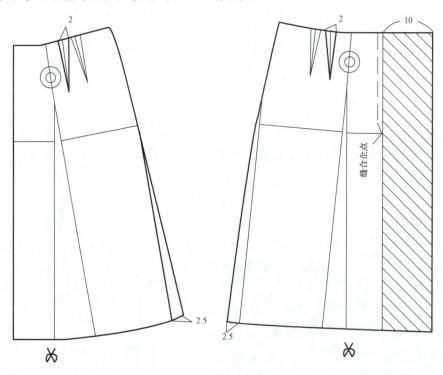

图4-67　对褶裙的结构设计图

5. 组合裙

组合裙从结构上看具有综合特征，通常是由分割和褶的方式组合，具体见下一节实例。

第四节 裙子款式变化实例

1. 实例一

（1）款式特点。此款式为无腰结构，配合带有装饰的斜向育克分割，与不对称的斜摆裙配合相得益彰，结合不同面料的使用让裙子在色彩、质地等方面形成对比，使裙子层次感更加丰富，设计感更浓厚（图4-68）。

（2）制图规格。

号型：160/68A；

裙长：57 cm；

腰围：70 cm；

臀围：94 cm。

（3）结构设计图（图4-69~图4-71）。

图4-68 时尚裙1款式图

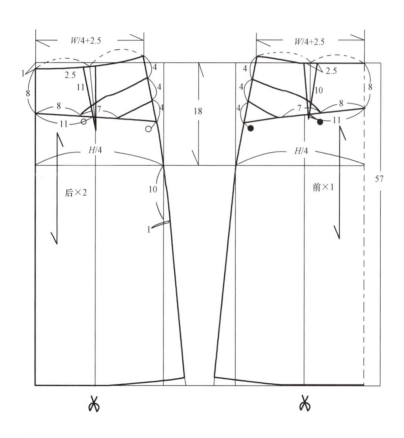

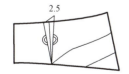 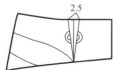 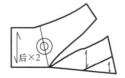 

图4-69 时尚裙1的结构设计图

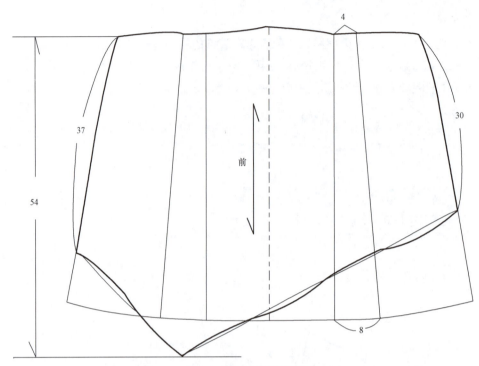

图 4-70　前裙片纸样设计图

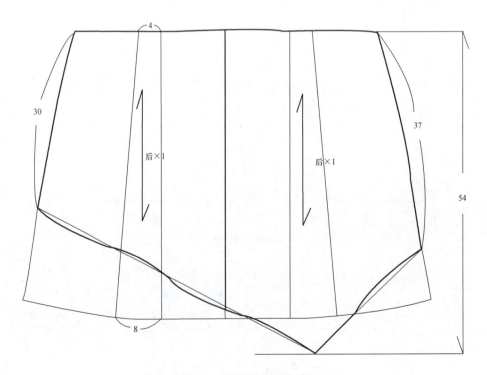

图 4-71　后裙片纸样设计图

2. 实例二

（1）款式特征。

此款式为装腰结构，斜向育克分割，分割处均缉明线，左右对称装明拉链作装饰，在裙片打褶处插入质地柔软的面料，与原刚性较强的面料形成对比，使该裙既精致细腻，又洋溢着青春的气息（图4-72）。

（2）制图规格。

号型：160/68A；

裙长：45 cm；

腰围：70 cm；

臀围：94 cm。

（3）结构设计图（图4-73）。

图4-72 时尚裙2款式图

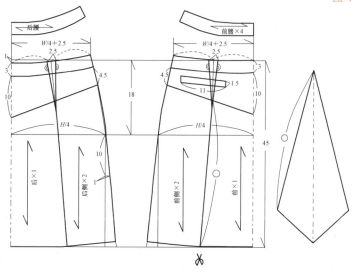

图4-73 时尚裙2的结构设计图

3. 实例三

（1）款式特征。此款式为A形裙，裙摆张开呈喇叭状，前、后中竖线分割，侧片横向分割，形成育克，腰头无省道设计，装腰头，侧缝处装拉链（图4-74）。

图4-74 时尚裙3款式图

（2）制图规格。

号型：160/84A；

腰围：$W=W^*+0～2=68$（cm）；

臀围：$H=H^*+6～12=96$（cm）；

裙长：$SL=(0.4～0.5)h±a=60～70$（cm）；

臀长：18 cm；

腰头：3 cm。

（3）结构图（图4-75）。

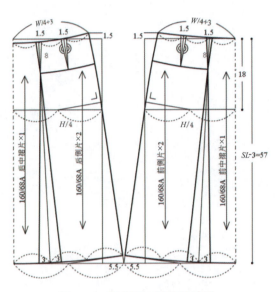

图4-75 时尚裙3结构设计图

微课：裙子（一）

微课：裙子（二）

微课：裙子（三）

微课：裙子（四）

微课：裙子（五）

微课：裙子（六）

第五章 裤子

第一节 裤子概述

一、裤子的概念

裤子是指人体自腰围线以下的下肢部位穿着的服饰用品，在我国有传统的中式裤和外来的西式裤。西式裤属于立体型结构，其形状轮廓是以人体结构和体表外型为依据设计的，在裤子制图中一般有5个控制部位，即裤长、腰围、臀围、膝围、脚口。

二、裤子的历史及相关文化

裤子是双腿分别被包覆的下身服装，其历史悠久，女性裤子造型的出现是从20世纪开始的。

裤子在不同国家称谓不同，在美国是"pantaloon"的简称"pants"，在英国被称为"trousers"或"slacks"，法国被称为"pantalon"，在日本被称为"ズボン"。

裤子的名称随时代的变迁而有不同的变化，不过一般主要分为日常生活裤和礼服裤，以及与毛衣、衬衫组合穿着的单品西裤。

三、裤子的变迁

1. 古代

裤子起源于亚洲，它本来是游牧民族的基本服装造型，是为了适应骑马生活的男性下半身服装，既可适应狩猎、战争的需要，又可防止身体受到寒冷、砂尘侵袭。

2. 15—18 世纪（近代）

16 世纪，男性服装款式是下装成膨松圆形，类似于灯笼形短裤样式。在 17 世纪的巴洛克时期、18 世纪的洛可可时期，灯笼形短裤的圆形逐渐变小，裤长变大。在 18 世纪的法国大革命时期，灯笼形短裤是皇室贵族人们的穿着，革命派的社会下层阶级的人们穿的长裤，是没有地位的人的主要穿着。

3. 19 世纪（近代）

进入 19 世纪，英国模特传入法国，产生从灯笼形短裤到长裤的变化，流行穿马靴戴锥形帽。至此，在绅士服装中长裤成为固定款式，一直持续到近代的绅士服装。

4. 20 世纪前期（近代）

19 世纪末，作为男士日常穿着，西装与西裤成为固定的穿着，与现代的款式大致相同。另一方面，在女性中盛行自行车运动，喜欢骑自行车远行的女性不断增加，半长裤也随之流行。热爱运动的女性、进入社会工作的女性、喜爱游玩的女性也不断增多，因此 20 世纪的服装变得更加舒适，女式长裤也随之流行。

5. 20 世纪后期（现代）

第二次世界大战后，女性的地位已经提高，女性进入社会和参加运动的热情提高，裤长至脚踝、比较紧身的裤子款式（斗牛士裤）尤为年轻人喜欢。1968 年巴黎秋冬发布会上，伊夫圣罗朗发表的长裤套装不仅穿用方便，经过面料、款式的变化已逐渐成为社交场合的正式穿着。另外，美国劳动者穿着的牛仔裤在年轻人中极为流行，无论男、女裤，根据裤长、设计、材料的不同，都可以产生多种款式变化。现代轻松方便的流行服装中，功能性占有比较重要的地位。

四、裤子的分类

裤子的种类很多，根据观察角度、造型、款式、裤长及材料和用途的不同，可以产生多种分类方式（图 5-1、图 5-2）。

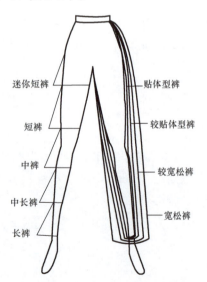

图 5-1　各种裤形（按裤子臀围加放松量分类）

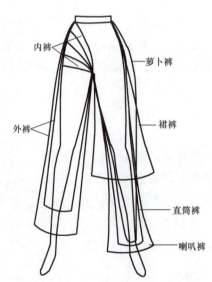

图 5-2　各种裤形（按穿着层次分类）

1. 按裤长分类

（1）超短裤：裤长≤（0.4 号 -10）cm 的裤子。

（2）短裤：裤长为（0.4 号 -10）~（0.4 号 +5）cm 的裤子。

（3）中裤：裤长为（0.4号+5）~ 0.5号cm的裤子。

（4）中长裤：裤长为0.5号~（0.5号+10）cm的裤子。

（5）长裤：裤长为（0.5号+10）~（0.6号+2）cm的裤子。

2．按裤子臀围加放松量分类

（1）贴体型裤：裤臀围的放松量为0~6cm的裤子。

（2）较贴体型裤：裤臀围的放松量为6~12cm的裤子。

（3）较宽松裤：裤臀围的放松量为12~18cm的裤子。

（4）宽松裤：裤臀围的放松量在18cm以上的裤子。

3．按形态分类

（1）瘦脚裤：裤口量≤（0.2H-3）cm的裤子。

（2）裙裤：裤口量≥（0.2H+10）cm的裤子。

（3）直筒裤：裤口量=0.2H~（0.2H+5）cm，中裆与裤口量基本相等的裤子。

（4）喇叭裤：中裆小于脚口的裤子。

（5）萝卜裤：中裆大于脚口的裤子。

4．按性别年龄分类

按性别年龄分为男裤、女裤和童裤等。

5．按穿着层次分类

按穿着层次分为内裤和外裤。

除此之外，还可以从穿着场合、用途、材料、民族等角度来分类。

五、裤子的功能性设计

裤子是包覆大部分下肢部位的服装。裤子从腰围线至臀围线和裙子穿着相同，从臀围线以下则细分成左、右裤筒分别包覆左、右腿而形成筒状造型。

膝关节是步行、上下台阶、坐、蹲等日常动作中运动量特别大的部位。为了不妨碍运动，制作功能良好的裤子，正确地测量尺寸是最重要的，在准确的尺寸基础上根据款式需要加入一定放松量绘制结构设计图，才能制作出造型优美、穿着舒适合体的裤子。

日常动作（坐、蹲、前屈、上下台阶）中运动较多的部位是前、后裆部，臀部，膝部等，为了适应这些动作，准确测量后裆部尺寸是很重要的，坐时前裆部将产生多余的放松量，不过站立时，后裆部尺寸过大就会产生多余的放松量，所以若只考虑穿着的舒适性，那么必然失去穿着的美观性。若想裤子既美观又舒适，必须充分考虑动与静的状态，再根据不同造型与用途进行结构设计和缝制。

设计者应认真进行体型观察，即使下肢围度尺寸相同，从侧面来观察的话，每个人在体型上也有差异，要充分观察被测者腰部的厚度、臀部的起翘、大腿及大腿部突出的形态，并在制图中加以考虑（图5-3）。

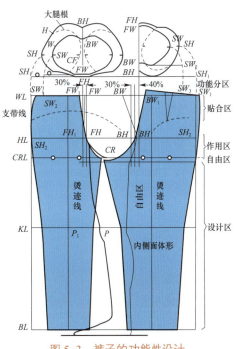

图5-3　裤子的功能性设计

六、裤子的尺寸测量

测量时被测者应穿着紧身裤、高度适当的高跟鞋，在腰围处加入细带标注其腰部最细的位置，应保持水平。对于腹部比较突出、大腿部较发达的特殊体型，在测量时要预估多余量，以防止尺寸不足。

测量部位及其测量方法如下：

（1）裤长：测量从腰围线到脚踝处的直线距离。以这个尺寸为基准，根据设计要求进行适当增减。就长来说，裤长的终止点与裤脚口有关，裤脚口偏小，裤长受脚面的斜角度的制约而不能任意加长；裤脚口偏大，裤长则可适当加长；裤脚口适中，则裤长在前述两者之间。

（2）下裆长：从耻骨点最下端直线测量至脚踝外。测量该部位尺寸时把直尺夹在裆部最佳，测量时也要注意保持直尺水平。

（3）上裆长：根据计算得出：用裤长（基础值）减去下裆长（基础值）。上裆的长度随款式而异（在满足人体需求的基础上），一般而言，宽松型适量加长上裆，使人体与裤裆底保持一定的松度；紧身型应稍减上裆的长度；常规适身型的松度则介于两者之间。

（4）臀长：从腰围线至臀围线（臀部最丰满外水平线）的长度。

（5）总裆长：从腰围前中心线通过裆长下量至腰围后中心线的长度。

（6）大腿围：大腿部最粗部位量一周的长度。

（7）膝围：膝关节中央量一周的长度。

（8）小腿围：小腿围最丰满外围量一周长度。

（9）脚腕围：脚踝外围量一周的长度。

第二节　裤子的结构制图与工艺

一、女式西裤制图

1．款式特征

装腰头，五根袢带，前裤片有褶裥和尖省各一个，后裤片左、右各收两个省道，侧缝处装直插袋各一个，前开门襟，装拉链，造型挺拔美观（图5-4）。

2．规格设置

号型：160/68A；

裤长：98 cm；

臀围：100 cm；

腰围：70 cm；

脚口：20 cm。

3．测量要点

（1）裤长的测定：裤长一般以体侧髋骨外向上3 cm左右为始点，顺直向下量至所需长度。

（2）裤腰围的放松量：裤腰围的放松量一般为0～2 cm。

图5-4　女式西裤款式图

（3）裤臀围的放松量：裤臀围的放松量因款式而定，本款裤子在净体尺寸上加 7 ~ 12 cm 的松量。

4．制图要点

（1）后片裆缝上端的捆势与后翘之间的关系，同裤片省的个数、省量以及臀腰差、裤子的造型等都有密切联系。

（2）后裤片省多，而且省量大，后裤片裆缝捆势应减少，反之则相应增加；而臀腰差越大，后裆斜度越大，反之越小。在裤子的造型上，对于全体型与紧身型，前者倾斜度趋于稳定，甚至可减小，而后者可稍增加。

（3）在裤后片后翘与裆缝捆势并存，为使后裆缝拼接后腰口顺直，后裆缝捆势与后翘成正比。

（4）裥、省与臀腰差的关系。

①前片收双褶裥，后片收双省，适应臀腰差偏大的体形，臀腰差在 25 cm 以上。

②单裥，单省式，适应适中的体形，臀腰差为 20 ~ 25 cm。

③无裥式，适合瘦小的体形，臀腰差在 20 cm 以下。

④后片裆缝低落 0.8 ~ 1 cm，采用工艺方法使它的前下裆缝（中裆以上）等长即可。

5．结构制图

结构制图如图 5-5 ~ 图 5-7 所示。

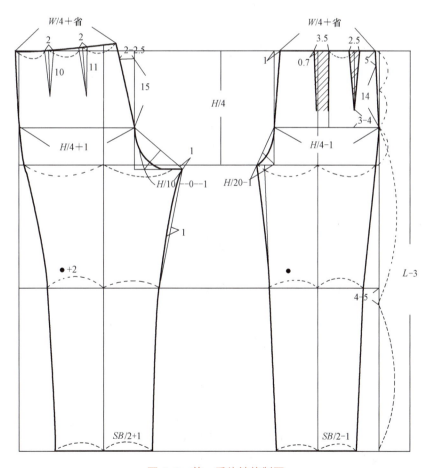

图 5-5　前、后片结构制图

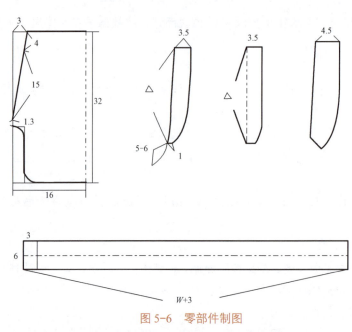

图 5-6 零部件制图

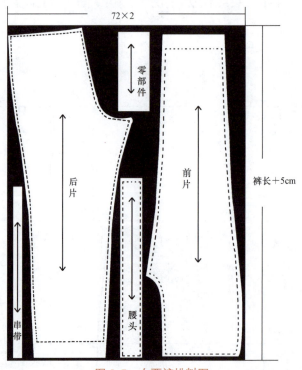

图 5-7 女西裤排料图

（1）制图步骤。

1）前裤片：

①基础线：作一条水平线。

②上平线：与基础线垂直。

③下平线：由上平线向下量裤长 98 cm- 腰头宽 3 cm=95 cm，作与上平线平行的线。

④横裆线（上裆长）：由上平线向下量取 $H/4$ cm，与上平线平行。

⑤臀围线：上裆长的 2/3=16.7 cm，与上平线平行。

⑥中裆线：臀围线到脚口线的 1/2 提高 3 cm。

⑦前臀围大：在臀围线上，由基础线量取（$H/4-1$）cm=24 cm，与基础线平行。

⑧前腰围大：在腰口线先作1 cm的前中缝劈势，再量出前腰围大（$W/4-1$）cm+6 cm（裥量）。

⑨前裆宽：在横裆线上，由横裆线和前裆直线的交点量取（$H/20-1$）cm。

⑩烫迹线：在横裆线上，由劈进0.7 cm至前裆宽点之间进行两等分。过中点作横裆线的垂线。

⑪前脚口：按脚口的规格 -2 cm，以烫迹线为中点两边平分。

⑫下裆缝线：脚口端点与前裆宽的1/2处相连，与中裆线相交，再从交点与小裆宽点相连，中间凹进0.3 cm画顺。

⑬中裆宽：在中裆线上，以烫迹线为中点，取两侧相等。

⑭侧缝线：腰口与横裆撇点0.7 cm处相连接，用弧线画顺到中裆线。

⑮褶裥：前褶裥为反裥，褶裥量为3.5 cm，从烫迹线向门襟方向偏进0.7 cm向反方向侧缝量取褶裥大小。

⑯侧缝直袋：在侧缝线上，上端至腰口3 cm，袋口大15 cm。

2）后裤片：

后裤片制图以前裤片为基础，将腰口线、臀围线、横裆线、中裆线、脚口线延长。

①基础线：与布边线平行。

②后臀围大：在臀围线上量取（$H/4+1$）cm。

③后落裆线：按前片横裆线，在后裆处低落0.7～1 cm。

④后裆斜线：在后裆直线上，臀围线和横裆的交点处，取比值15∶3.5，作后裆缝线并延长过腰口2 cm，为后翘高，下端与落裆线相交。

⑤后裆宽：由后裆缝与后裆低落交点量取$H/10$ cm。

⑥后烫迹线：取后侧缝线与后裆宽点的1/2作垂直线。

⑦后腰围大：由后翘高点量起（$W/4+1$）cm+4 cm（省量）与腰口线相交。

⑧后中裆宽：以烫迹线为对称轴两边各以前中裆宽 +2 cm。

⑨后脚口宽：按脚口规格 +2 cm，与烫迹线两边平行。

⑩侧缝线：由上平线连至臀围线，再连至中裆，至脚口处画顺。

⑪后裆弧：在后裆缝上，用弧线画顺。

⑫下裆缝线：由脚口连至中裆，再连至后裆宽点，中间凹进1 cm。

⑬省道：后腰围3等分，为省的位置。侧缝省长10 cm，省大2 cm；后缝省长11 cm，省大2 cm。

（2）工艺制作材料准备。

①材料。

面料：幅宽144 cm，用量约为105 cm；

字母扣：1对；

口袋布：40 cm；

拉链：1个。

②排料图。

二、女式直筒裤

1. 款式特点

在女西裤的基础上变型，腰比较紧贴，臀、腹部比较合体，前片左、右两侧各有一个尖省，后片省道同女西裤，前开口装拉链，中裆和脚口的尺寸接近或相等，故称直筒裤（图5-8）。

2．规格设置

号型：160/6；

裤长：100 cm；

臀围：96 cm；

腰围：70 cm；

脚口：22 cm。

3．测量要点

（1）裤长的测定：裤长一般以体侧髋骨外向上3 cm左右为始点，顺直向下量至所需长度。

（2）裤腰围的放松量：裤腰围的放松量一般为0~2 cm。

（3）裤臀围的放松量：裤臀围的放松量为4~8 cm。

4．制图要点

（1）中裆高度定位与裤子造型变化有密切关系，直筒裤的造型属于适身型，故中裆的高度基本在臀高线至下平线的中点上再提高5~6 cm。

（2）腰和臀在放松量上都比较小，前片和后片左、右两侧各设一个尖省（图5-9）。

图5-8　女式直筒裤款式图

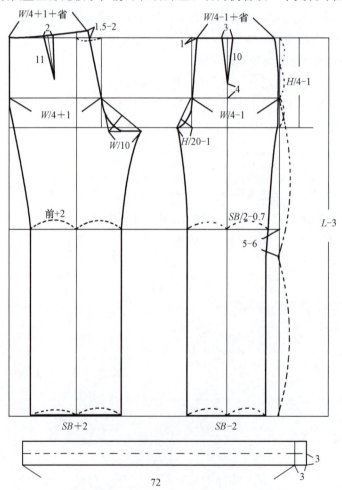

图5-9　前、后片结构制图

三、女牛仔裤

1．款式特点

低腰位，紧身，小喇叭裤腿。前裤片左、右两侧各有一个月亮形口袋，并在右面月亮形口袋内装一方形小贴袋，前中装金属拉链，后裤片有育克分割，并各有一个明贴袋，腰头呈弧形，并装有5个袢带（图5-10）。

2．规格设置

裤长：99 cm；
臀围：89 cm；
腰围：72 cm；
中裆：18.6 cm；
前浪：21 cm；
脚口：23 cm。

图 5-10　女牛仔裤款式图

3．测量要点

（1）裤长的测定：此款式为低腰裤，所以裤长一般以体侧髂骨点左右为始点，顺直向下量至所需长度。

（2）裤腰围的放松量：裤腰围的放松量一般为0～1 cm。

（3）裤臀围的放松量：在净体尺寸上加0～4 cm的放松量。

4．结构制图

前、后片结构制图如图5-11所示。

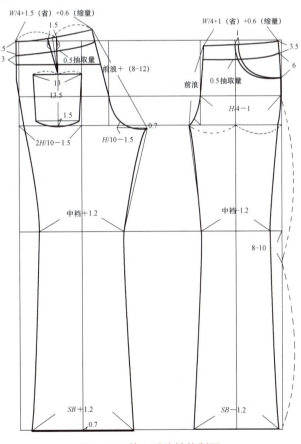

图 5-11　前、后片结构制图

四、裙裤

1．款式特点

裙裤是一款外观似裙子，其结构与裤子相同的下装设计，由于其活动方便、舒适，被广泛应用于家庭便服及外出的便装（图 5-12）。

2．规格设置

号型：160/68A；

裤长：45 cm；

臀围：92 cm；

腰围：68 cm。

3．测量要点

（1）裤长的测定：裤长一般以体侧髋骨外向上 3 cm 左右为始点，顺直向下量至所需长度。通常在膝围线向上 3~5 cm。

（2）裤腰围的放松量：裤腰围的放松量一般为 0~2 cm。

（3）裤臀围的放松量：在净体尺寸上加 6~10 cm 的放松量。

4．结构制图

前、后片结构制图如图 5-13 所示。

图 5-12　裙裤款式图

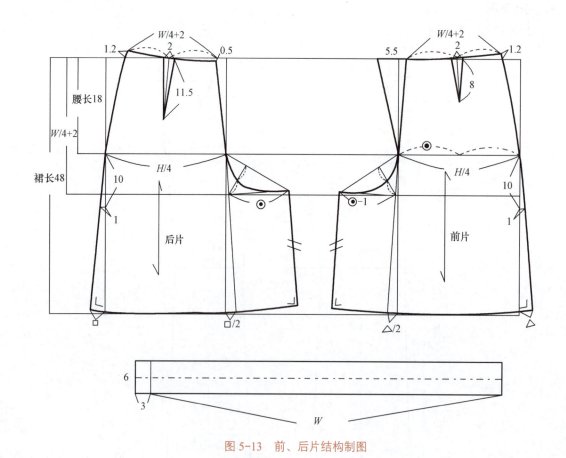

图 5-13　前、后片结构制图

第三节 裤子纸样原理与变化

女裤为了和裙子多变的特点协调,也采用了裙子的某些设计原理,如裤子的省分割及打褶的设计和裙子的结构原理完全相同。就裤子而言,要正确把握大裆弯、后翘和后中线的倾斜角度等参数的比例关系,这是裤子纸样设计的关键所在,在设计方法上,也必须确立一个裤子的基本纸样。

对于标准女裤基本纸样,首先它更适合中国人和亚洲人的体型特征;其次,在尺寸规格设定上多采用比例分配的方法,使裤子基本特征更趋向理想化;再次,内限尺寸设定小,如腰部无放松量,臀部也只有 2 cm 放松量。

一、标准裤原型的制作

1. 规格设置

号型:M;

裤长:91 cm;

腰围:66 cm;

臀围:90 cm;

股上长:26 cm;

裤口宽:21 cm。

2. 制图要点

(1)从人体腰围局部特征分析,臀大肌的凸出量和后腰差量最大,大转子凸出量和侧腰差量次之,最小的差量是腹部凸量和前腰差,这是裤子基本纸样省量的设定依据,同时为了使臀部造型丰满美观,对过于集中的省量进行分解,这就是裤后片设两个省,前裤片设一个省的造型依据(图5-14)。

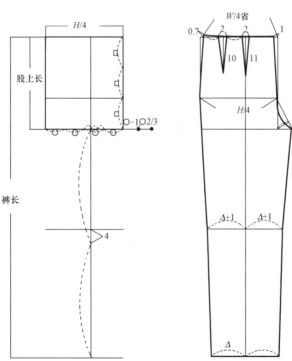

图 5-14 前、后片结构制图(1)

（2）为使前后片的内侧缝长度相等，需将后片的横裆线下降0.7～1cm，以便于工艺缝合（图5-15）。

（3）为使困势线与腰口线成垂直角，需进行后腰翘的设置。

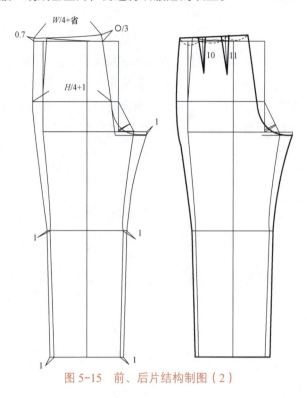

图5-15　前、后片结构制图（2）

二、裤子纸样名称

裤子的长度是由股上长和股下长两部分组成的，面围度部分主要分为腰围、臀围、横裆、中裆和脚口。

在分析裤子的结构之前，必须对纸样各部位的线条名称有所了解（图5-16）。

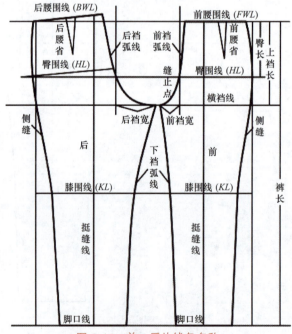

图5-16　前、后片线条名称

三、裤子主要部位的结构分析

裤子主要部位的结构分析如图 5-17 所示。

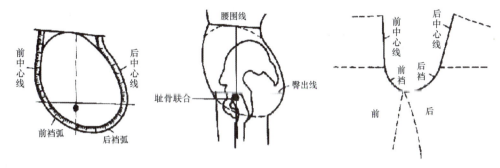

图 5-17　裤子主要部位的结构分析

1. 裤子上裆运动松量的设计

据人体下体运动变形量分析，人体后上裆的运动变形率为 20% 左右，按标准计算运动变形量为 4.5～5 cm，这个量在裤子的结构处理中为：人体后上裆运动变形量（裤子后上裆运动松量）＝后上裆垂直倾斜角增大产生的增量＋上裆长增量＋材料弹性伸长量（图 5-18）。

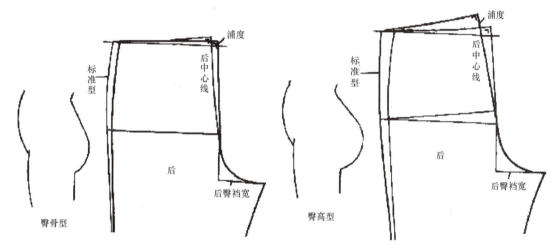

图 5-18　不同臀形与裤片纸样的变化

后上裆垂直倾斜角的设计：裙裤类为 0°；宽松裤为 0°～5°；较宽松裤类为 5°～10°；较贴体裤类为 10°～15°；贴体裤类为 15°～20°。

后上裆长增量：裙裤类为 3 cm；较宽松裤类为 1～2 cm；宽松裤类为 2～3 cm；较贴体裤类为 0～1 cm；贴体裤类为 0 cm。

后上裆运动松量＝后上裆垂直倾斜增量＋后上裆材料弹性伸长量。

2. 裤子前、后上裆的结构处理

裤子前上裆的结构设计主要考虑静态的合体性。人体前腹部呈弧形，故裤子的前上裆为适合人体须在前部增加垂直倾斜角，使前上裆倾斜。

前上裆垂直倾斜角（前上裆腰围处撇进量）为 1 cm 左右。

在特殊情况下，如当腰部不作省道、褶裥时，为了解决前部臀腰差，该撇去量要≤2 cm。

裤子下裆缝在裙裤造型中，其前、后下裆缝夹角为 0°，当由裙结构向其他瘦腿裤型结构变化时，其前、后下裆缝角度应相应增大。

四、裤子的廓型变化与纸样设计

裤子廓型的基本形式有四种：

（1）长方形（筒形裤）；

（2）倒梯形（锥形裤）；

（3）梯形（喇叭形裤）；

（4）菱形（马裤）。

影响裤子造型的结构因素有臀部的松量和裤口宽度与裤子的长短，而且这些因素在造型上是互相协调的（图5-19）。

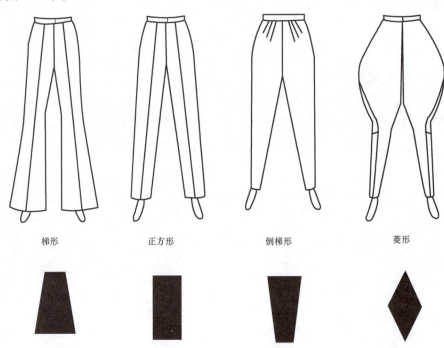

图 5-19　四种裤子的廓形

第四节　时尚裤子结构设计

一、灯笼形短裤

1．款式特点

此款风格为臀围以上为合体，臀围以下宽松，脚口收紧，呈灯笼形，穿着舒适，时代感强，超低腰处理结构使穿着更加性感（图5-20）。

2．规格设置

裤长：38 cm；

腰围：71 cm；

臀围：92 cm；

前浪：21 cm；

脚口：23 cm。

图 5-20　灯笼形短裤款式图

3．测量要点

（1）裤长的测定：裤长一般以体侧髋骨外向上 3 cm 左右为始点，量至臀围线到膝围线的 1/2 处。

（2）裤腰围的放松量：一般为 0～2 cm。

（3）裤臀围的放松量：在净体尺寸上加放松量 4～6 cm。

4．制图要点

结构框架仍按贴体裤框架，剪开拉开的量要根据面料特性而定。脚口外侧开 6 cm 高的衩，前、后浪的差为 10 cm，腰面贴耳宽 4 cm，内穿带宽 2 cm，腰头总宽 8 cm（图 5-21）。

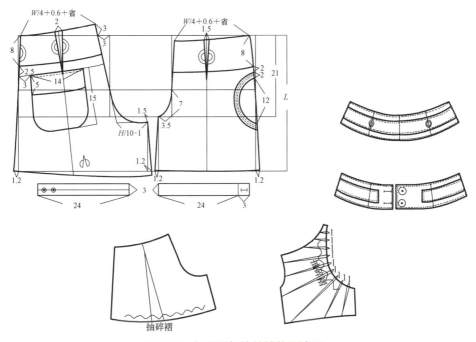

图 5-21　灯笼形短裤的结构设计图

二、靴裤

1．款式特点

采用时尚的设计，是现代都市女性的最佳选择，前片有明贴袋，并有装饰的袋盖，脚口处有克夫，前有两个褶裥，后片有育克分割（图 5-22）。

2．规格设置

号型：160/68A；

裤长：64 cm；

臀围：92 cm；

腰围：72 cm；

中裆：38 cm；

前浪：22 cm。

3．测量要点

（1）裤长的测定：从始点量至膝围线左右。

（2）裤腰围的放松量：0～2 cm。

（3）裤臀围的放松量：在净体尺寸上加放松量 4～6 cm（图 5-23）。

图 5-22　靴裤款式图

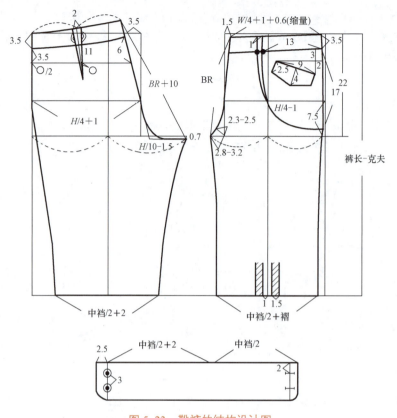

图 5-23　靴裤的结构设计图

三、休闲靴裤

1．款式特点

采用运动休闲的设计，低腰，臀围较宽松，脚口宽松并装有罗纹边，膝盖处打褶与折褶的口袋相对应，后裤片育克断开，并有贴袋，便于活动，又有时尚感，是少女的最佳选择（图 5-24）。

2．规格设置

裤长：60 cm；

臀围：92 cm；

腰围：78 cm；

脚口：25 cm；

前浪：22 cm。

3．测量要点

（1）裤长的测定：从始点量至膝围线下 5 cm 左右。

（2）裤腰围的放松量：0～2 cm。

（3）裤臀围的放松量：在净体尺寸上加放松量 6～8 cm（图 5-25、图 5-26）。

图 5-24　休闲靴裤款式图

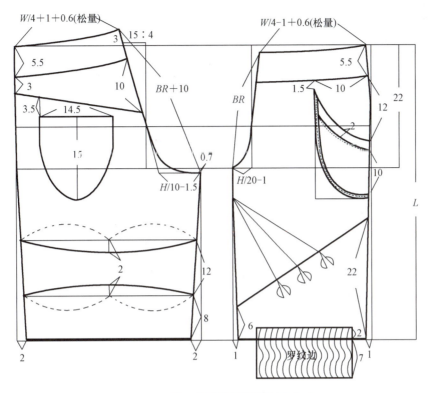

图 5-25 休闲靴裤的结构设计图（1）

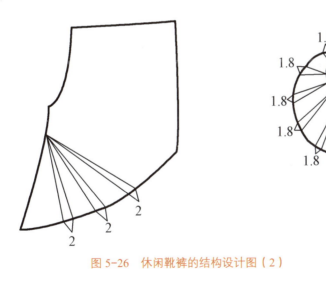

图 5-26 休闲靴裤的结构设计图（2）

四、瘦脚裤

1. 款式特点

本款式为两用式，既可以放在膝靴里面穿用，又可以在外单独穿用；位于膝围线的上、下有分割，便于人体活动，设月牙形口袋，并在口袋外缉装饰明线；膝的分割处也加缉装饰明线；为了和前面统一，后面的贴袋也作了分割和缉装饰性明线的处理，是都市女性的衣橱必备品（图5-27）。

图 5-27 瘦脚裤款式图

2．规格设置

裤长：99 cm；

腰围：71 cm；

臀围：87 cm；

膝围：17.5 cm；

脚口：13.5 cm；

前浪：22 cm。

3．测量要点

（1）裤长的测定：从始点量至脚踝处即可。

（2）裤腰围的放松量：0～2 cm。

（3）裤臀围的放松量：在净体尺寸上加放松量6～8 cm（图5-28）。

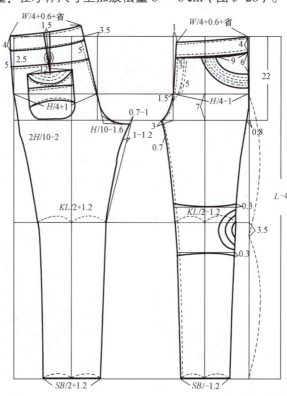

图5-28　瘦脚裤的结构设计图

五、运动休闲裤

1．款式特点

此款式属于宽松型运动休闲的风格，采用针织面料，穿着大方、舒适，充分体现现代人乐观向上的精神面貌（图5-29）。

2．规格设置

裤长：100 cm；

腰围：68 cm；

臀围：100 cm；

图5-29　运动休闲裤款式图

膝围：25 cm；

脚口：23 cm；

直裆：27 cm。

3．测量要点

（1）裤长的测定：从始点量至脚踝处即可。

（2）腰围参考臀围，故不需要测量。

（3）裤臀围的放松量：在净体尺寸上加放松量 12～16 cm。

4．制图要点

（1）前、后窿门的分配接近，前小裆采用 5.5 cm，后窿门宽为 7～8 cm。

（2）无侧缝，贴色条间距为 3 cm，贴色条宽 1 cm。

（3）前袋为单嵌线口袋，袋口大为 14 cm，口袋宽为 1.5 cm（图 5-30）。

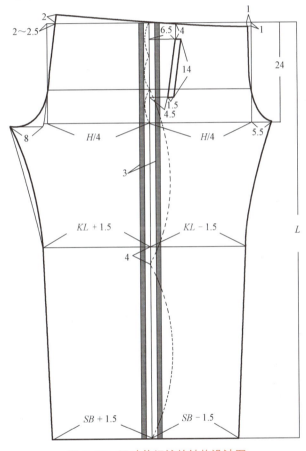

图 5-30　运动休闲裤的结构设计图

六、时装裤

1．款式特点

此款低腰时装裤属于紧身型风格，能充分表现女性的形体美，低腰的处理使穿着更加性感、妩媚，个性化的牛仔与横向的分割使之与众不同（图 5-31）。

2. 规格设置

裤长：99 cm；

腰围：71 cm；

臀围：87 cm；

膝围：17.5 cm；

脚口：23 cm；

前浪：22 cm。

3. 制图要点

直裆深包括腰头规格，同时也是前浪的规格。

后浪长等于前浪长加10～12 cm。

4. 测量要点

（1）裤长的测定：从始点量至脚踝处即可。

（2）裤腰围的放松量：0～2 cm。

（3）裤臀围的放松量：在净体尺寸上加放松量6～8 cm（图5-32）。

图5-31 时装裤款式图

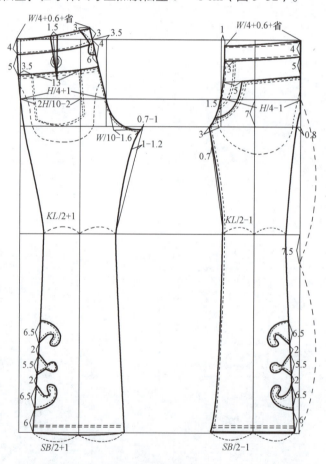

图5-32 时装裤的结构设计图

微课：裤子（一）

微课：裤子（二）

微课：裤子（三）

微课：裤子（四）

微课：裤子（五）

第六章 衣身结构设计

第一节 上衣概述

一、上衣的概念

上衣是服装的重要组成部分,是人类着装的最基本的形式之一。上衣指上装,是覆盖、包裹人体躯干,即由肩部至腰围线或至臀围线附近的着物,是妇女和儿童穿着的宽松上装的总称。妇女、儿童穿的 T 恤衫、毛衣、罩衫等服装都是上衣。

二、上衣的历史

1. 原始时期

服装最早可追溯到远古时期,人类用树皮或动物的毛皮来御寒,一是更好地适应气候环境;二是保护身体不受外物的伤害;三是使自己更加富有魅力,想创造性地表现自己的心理冲动。

2. 古代时期

夏商周时期,汉族的服饰是上衣下裳,上衣为右衽交领衣。春秋时期胡服上衣为窄袖紧身、圆领、开衩短衣。魏晋南北朝时期汉族贵族在借鉴胡服结构特点的基础上加长衣身与袖口,改左衽为右衽。

3. 中世纪时期

10 世纪前后,上衣已被很多男性劳动者穿着。历史学家认为这是上衣与下装按照性能上下分离而产生的。随着人们着装观念的改变,人们发现服装不单是为防寒而做,人们对生活质量的要求不断提高，不断寻求更适合人类活动的服装，人们发现将服装分开穿穿用更加符合人的运动，所以服装就慢慢分为上装和下装。

4．20世纪前期（近代）

女性上衣清晰的形体轮廓出现于20世纪初。随着妇女解放运动的发展，女性也开始参加体育运动，上衣逐渐变得与女性的生活紧密相关。这时，人们依然认为不管多么漂亮的上衣，与裙子配套穿着出现在正式场合是没有礼貌的，因为人们的普遍印象是只有在工作场合才能如此穿着。在社会生活方式多样化的今天，这种印象已经消除了。使用新材料、设计独特的各式上衣正在生活的许多方面发挥着作用，为很多人所喜爱。

5．20世纪后期（现代）

第二次世界大战后，社会结构有了很大的变化与发展，生活水平也显著提高。同时，随着服装领域的飞速发展，人们从自身出发有了创造流行的强烈愿望，乐于对服装进行自由创造。现在，上衣除了穿着范围越来越广外，其款式也涵盖了从日常便服到正式礼服等多种样式。对于上衣来说，根据穿着的场合不同，如能设计出功能合理并能张扬个性的外衣，则可通过穿着上衣体验日常着装的乐趣。

女性上衣结构线以弧线为主，充分体现女性的温婉、优雅、优美。女性上衣与其他上衣的最大区别是其多变性，而其变化往往与流行趋势的变化密切相关，主要表现在衣身的长度和腰围的收放、摆围的松紧、衣袖的长度、袖口的大小、衣领的造型及辅料的增减变化等方面。

三、上衣的名称及分类

（1）按穿着方式区分，上衣可分为内穿式和外穿式（将上衣穿在下装外面）。

①内穿式：将衣襟下摆放入下装内。

②外穿式：将衣襟下摆放在下装外面。

（2）按目的、用途区分，上衣可分为职业装、休闲装、礼服、家居服和防雨服。

①职业装：根据不同的职业、工种的需要而设计，满足职业场合的需要，较为正式。

②休闲装：在非正式场合，即闲暇生活时随便穿着的便于活动的服装。

③礼服：主要在结婚和典礼、集会、宴会和社交时穿用的服装。

④家居服：适应家庭中的各种活动需要，线条简洁，色彩清新淡雅。

⑤防雨服：在刮风下雨的天气穿着，目的性较强，用于防风防雨。

（3）按放松量区分，上衣可分为贴体型、合体型、较宽松型和宽松型。

①贴体型：胸围加放松量较小，通常只需满足人的呼吸量0～4cm。

②合体型：胸围加放松量比贴体型大些，通常加4～10cm的放松量。

③较宽松型：胸围加放松量在合体的宽松之间，通常加10～16cm的放松量。

④宽松型：胸围加放松量在16cm以上。

（4）按衣长区分，上衣可分为长上衣、中上衣和短上衣。

①长上衣：衣服的长度在臀围线以下的上衣。

②中上衣：衣服的长度在臀围线上下波动的上衣。

③短上衣：根据个人款式的需要设定衣长，一般在腰围线附近。

（5）按袖长区分，上衣可分为长袖、短袖和中袖。

①长袖：袖子的长度是从肩端点到达胫突点位置。

②短袖：袖子的长度在肩端点和肘围线之间，依个人和款式的需要设定。
③中袖：袖子的长度在肘围线附近范围内进行调整。
（6）按袖形区分，上衣可分为喇叭袖、灯笼袖、花瓣袖、罗马袖、连身袖、连肩袖、肩章袖、落肩剪接袖（图6-1、图6-2）。

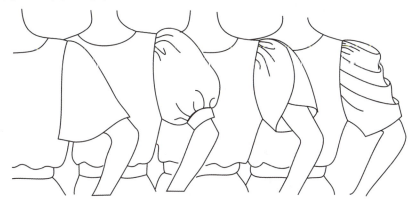

图6-1　喇叭袖、灯笼袖、花瓣袖、罗马袖

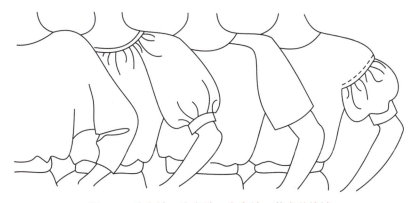

图6-2　连身袖、连肩袖、肩章袖、落肩剪接袖

（7）按领型区分，上衣可分为无领、立领、翻领、坦领、翻驳领等（图6-3～图6-6）。
①无领：无领片部分，只有领窝部分的衣领。
②立领：只有领座部分，没有翻领部分。
③翻领：由领座和领片连成一体的衣领，围在脖颈周围。
④坦领：领子的翻折线较低，与衣片的领口弧线重合。
⑤翻驳领：由衣片的驳头和领子共同构成的领。

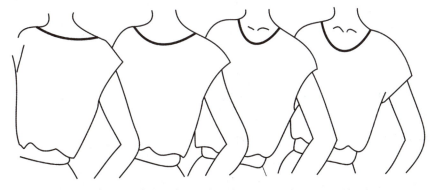

图6-3　无领类：一字领、船形领圈、圆形领圈、U形领圈

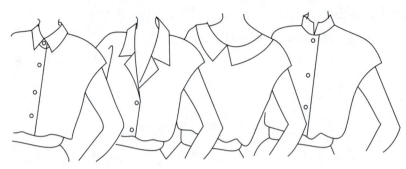

图 6-4 衬衫领、香港衫领、披领、立领

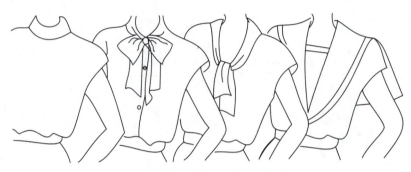

图 6-5 围领、抱领、结领、海军领

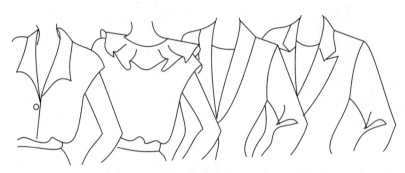

图 6-6 燕尾领、荷叶领、丝瓜领、西装领

（8）按形象、要素区分，上衣可分为女性化上衣、便装、猎装、军服式上衣、中式上衣、轻便装、风衣式上衣等。

（9）按形态、款式区分，上衣可分为不对称式上衣、女衬衫与裙子套装、T恤衫、露肩式上衣、宽松衫上衣、收腰式上衣、肥大上衣、双塔克上衣、暗门襟上衣。

（10）按衣片造型区分，上衣可分为平直型、收省型、分割型、展开型等。

（11）按门襟特点区分，上衣可分为对襟、斜襟、偏襟及双搭门。

（12）按季节区分，上衣可分为春装、夏装、秋装、冬装，如春秋衫、西装、衬衫、风衣、大衣等。

另外，也可以根据装饰细节等进行细划，所以，即便是同一款式，有可能也有若干种名称。

四、上衣尺寸的测量

人体测量有坐姿和立姿两种，上衣尺寸的测量通常采用立姿。测量时，要求被测量者保持自然站立姿势，呼吸平顺，应穿着尽可能少而贴体的衣服。

女装的控制部位主要有衣长、袖窿深、背长、肩宽、领围、胸围、腰围、摆围和袖长等,而胸围在上衣中起着非常关键的作用。

上衣尺寸测量的主要部位及测量方法见第二章。

五、上衣的廓形

上衣的廓形,是指服装成型后,正面或侧面的外轮廓形状。上衣的廓形通常是用与廓形类似的几何图形和与其相对应的英文字母来命名的,日常生活中常见的廓形有人体模型形(X形)、梯形(A形)、矩形(H形)、倒梯形(T形)、椭圆形(O形)五种(图6-7)。

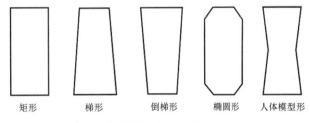

图6-7 常见的廓形

六、上衣的主要部位名称

1. 前、后衣身结构线各线条名称

前、后衣身结构线各线条名称如图6-8所示。

2. 领片结构线各线条名称

领片结构线各线条名称如图6-9所示。

3. 袖片结构线各线条名称

袖片结构线各线条名称如图6-10所示。

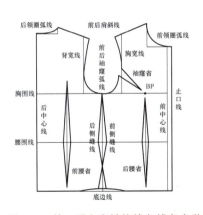 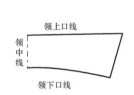 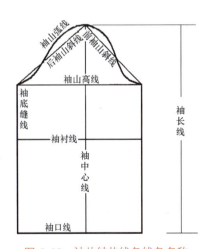

图6-8 前、后衣身结构线各线条名称　　图6-9 领片结构线各线条名称　　图6-10 袖片结构线各线条名称

第二节　原型衣的立裁制作及其结构

原型是制作服装的基本型,是最简单的服装样板。成年女子衣身原型从形态上来分类,大致可分为合体型(为了吻合腰部尺寸,加入了腰省的原型)、肥大宽松型(从胸围线到腰围线是直线外轮廓的原型)、紧身型(从胸围到臀围将身体裹住的原型)。利用原型制作服装,首先要选择合体

的原型作为基础，然后根据款式确定放松量，根据款式造型在原型的基础上加放、推移。

新文化原型是以成年人（18～24岁）的标准型（胸围80～89 cm）为中心而筛选出来的，是符合人体自然形态的合体型原型。穿着时，腰围线作为人体水平的基础，袖子是直筒外轮廓，布丝方向为直纱。

一、原型衣的立裁制作

通过原型衣立裁的取样可以直观地体现人体各部位与原型结构的关系以及特征。原型衣立裁制作前应先进行面料预裁（图6-11）。

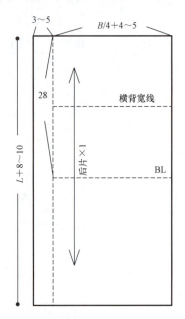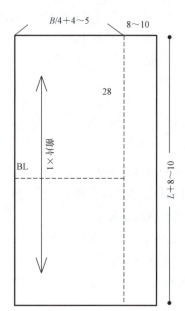

图6-11　面料预裁

1．前片

（1）将布料上中心线与人台中心线对齐（前颈点上空留8～10 cm，前中可空留至右BP点）（图6-12）。

（2）BP点处预留0.5～0.7 cm，稍往前推，以不影响前中心线纱向为宜（图6-13）。

（3）BP点正上面沿直线推至颈侧附近，定针（图6-14）。

图6-12　将中心线对齐　　图6-13　BP点处预留0.5～0.7 cm　　图6-14　BP点正上面沿直线推至颈侧附近

（4）预剪领圈弧线，空留1 cm，并打剪口（图6-15）。
（5）构筑侧面立体面（1～1.5 cm）（图6-16）。

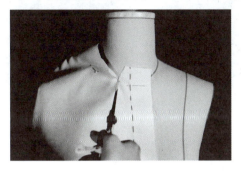
图6-15　预剪领圈弧线

图6-16　构筑侧面立体面

（6）将布料上的胸围线与人台上的胸围线对齐（图6-17）。
（7）在侧面定一直纱（图6-18）。
（8）围绕BP点做省，先做袖窿省，再做腰省（图6-19）。

图6-17　将胸围线对齐

图6-18　在侧面定一直纱

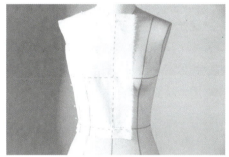
图6-19　围绕BP点做省

2. 后片

（1）将布料上中心线与人台后中心线对齐，后颈点空留5 cm（图6-20）。
（2）肩胛骨推一直纱至颈侧点，清剪领口，并打剪口（图6-21）。
（3）肩胛骨加0.5 cm放松量，双针固定（图6-22）。

图6-20　将中心线对齐

图6-21　清剪领口

图6-22　肩胛骨加0.5 cm放松量，双针固定

（4）在背宽直线处推一直纱至肩端点附近（图6-23）。
（5）做好后转折面，在侧面定一针（图6-24）。
（6）捏取背省和肩省（图6-25）。

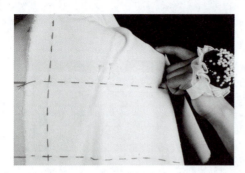

图 6-23　在背宽直线处推一直纱至肩端点附近　　图 6-24　在侧面定一针　　图 6-25　捏取背省和肩省

（7）拓样。

二、原型衣的结构

合体型原型衣，一般长度至腰节，前片左、右在袖隆处各设置一个胸省，后片左、右在肩线上各设置一个肩胛省，前、后片各设计两个腰省。原型衣款式如图 6-26 所示。

原型衣的基本尺寸见表 6-1。

图 6-26　原型衣款式

表 6-1　原型衣的基本尺寸　　　　　　　　　　　cm

胸围	腰围	背长	袖长
83	64	38	52

1. 衣身原型制图

将立裁原型衣进行修正后取下拓版，测量出各部位的尺寸，并且按照比例得出各部位的计算公式，然后用这些公式及尺寸作出平面图形，即原型的结构图。

衣身原型的整个制图过程主要是依据胸围和背长完成的。

（1）画基础线是，按照图中所标示①~⑭的顺序正确作图（图 6-27）。

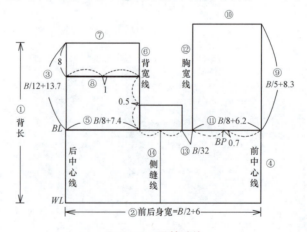

图 6-27　画基础线

（2）画外轮廓线的关键在于前、后肩斜线，肩省，胸省，前、后领圈弧线，前、后袖隆弧线的确定以及腰省的分配（图 6-28）。

1)前、后肩斜线的确定。

①前肩斜线。前肩斜角度为22°。不用量角器时可以按比例8:3.2量出前肩斜,从SNP向左画水平线并取8 cm,垂直往下量3.2 cm,连接两点并延长至胸宽线超出1.8 cm为前肩斜线长。

②后肩斜线。后肩斜角度为18°。可以按比例8:2.6量出后肩斜。从SNP向右画水平线取8 cm,然后垂直向下取2.6 cm,连接两点并延长为后肩斜线,后肩斜线长度为前肩斜线长加上肩省量。

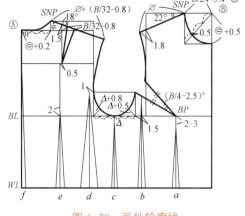

图6-28 画外轮廓线

2)肩省的确定。

肩省的省尖点在背宽线的中点右偏1 cm。

肩省省线位置过省尖点向上作垂线相交于后肩斜线,沿着肩斜线右偏1.5 cm。

肩省量的大小按照公式$B/32-0.8$确定。

3)胸省的确定。前片胸省的省尖点在BP点上。

胸省夹角为$(B/4-2.5)°$,并且两省线相等,不用量角器时按公式$B/12-3.2$计算出胸省量的大小(表6-2)。

表6-2 胸省量　　　　　　　　　　　　　　　　　　　　　　　　　　　　　cm

B	77	78	79	80	81	82	83	84	85	86	87	88	89	90
胸围	3.2	3.3	3.4	3.5	3.6	3.6	3.7	3.8	3.9	4.0	4.1	4.1	4.2	4.3
B	91	92	93	94	95	96	97	98	99	100	101	102	103	104
胸围	4.4	4.5	4.6	4.6	4.7	4.8	4.9	5.0	5.1	5.1	5.2	5.3	5.4	5.5

4)腰省的分配。

各省量是相对总省量的比例来计算的,总省量为加入放松量之后胸腰的差量(表6-3)。

总省量 = $(B/2+6)-(W/2+3)$。

表6-3 总省量　　　　　　　　　　　　　　　　　　　　　　　　　　　　　cm

总省量	f	e	d	c	b	a
100%	7%	18%	35%	11%	15%	14%
9	0.630	1.620	3.150	0.990	1.350	1.260
10	0.700	1.800	3.500	1.100	1.500	1.400
11	0.770	1.980	3.850	1.210	1.650	1.540
12	0.840	2.160	4.200	1.320	1.800	1.680
12.5	0.875	2.250	4.375	1.375	1.875	1.750
13	0.910	2.340	4.550	1.430	1.950	1.820
14	0.980	2.520	4.900	1.540	2.100	1.960
15	1.050	2.700	5.250	1.650	2.250	2.100

2. 袖原型

(1)袖原型按照衣身原型的袖窿尺寸(AH)和袖窿形状来作图。

在做袖原型前必须先将原型衣中前片的胸省合并,使袖窿弧线圆顺,并定出袖山高。

袖山高是从合并胸省后的前、后片肩端点垂直距离的中点至胸围线(BL)之间距离的5/6(图6-29)。

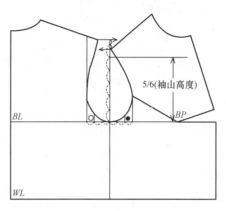

图 6-29　袖山高

（2）作袖原型结构线的关键在袖肥、袖山弧线、袖长、袖肘线的确定（图 6-30）。

（3）袖片对位点的确定（图 6-31）。

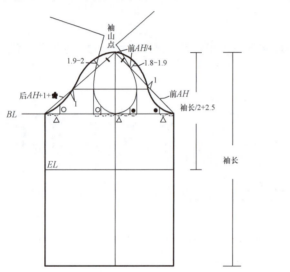

图 6-30　袖原型结构线

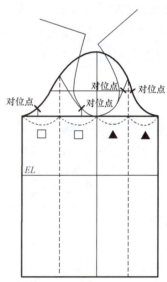

图 6-31　袖片对位点

（4）袖山的缩缝量。袖山弧线尺寸要比袖窿尺寸多 7%～8%，这便是缩缝量，这个缩缝量是为了满足人体手臂的形态。袖山的缩缝量能使衣袖外形富有立体感。

原型衣各部位尺寸见表 6-4。

表 6-4　原型衣各部位尺寸　　　　　　　　　　　　　　　　　　cm

B	肩宽	Ⓐ~BL	背宽	BL~Ⓑ	胸宽	$B/32$	前领宽	前领深	胸省	后领宽	后肩省	★
	$B/2+6$	$B/12+13.7$	$B/8+7.4$	$B/5+83$	$B/8+62$	$B/32$	$B/24+3.4=$ ◎	◎ +0.5	$(B/425)°$	◎ +0.2	$B/32-0.8$	★
77	44.5	20.1	17.0	23.7	15.8	2.4	6.6	7.1	16.8	6.8	1.6	0.0
78	45.0	20.2	17.2	23.9	16.0	2.4	6.7	7.2	17.0	6.9	1.6	0.0
79	45.5	20.3	17.3	24.1	16.1	2.5	6.7	7.2	17.3	6.9	1.7	0.0
80	46.0	20.4	17.4	24.3	16.2	2.5	6.7	7.2	17.5	6.9	1.7	0.0
81	46.5	20.5	17.5	24.5	16.3	2.5	6.8	7.3	17.8	7.0	1.7	0.0
82	47.0	20.5	17.7	24.7	16.5	2.6	6.8	7.3	18.0	7.0	1.8	0.0
83	47.5	20.6	17.8	24.9	16.6	2.6	6.9	7.4	18.3	7.1	1.8	0.0
84	48.0	20.7	17.9	25.1	16.7	2.6	6.9	7.4	18.5	7.1	1.8	0.0

续表

B	肩宽	Ⓐ~BL	背宽	BL~Ⓑ	胸宽	B/32	前领宽	前领深	胸省	后领宽	后肩省	★
	B/2+6	B/12+13.7	B/8+7.4	B/5+83	B/8+62	B/32	B/24+3.4=◎	◎+0.5	(B/425)°	◎+0.2	B/32-0.8	★
85	48.5	20.8	18.0	25.3	16.8	2.7	6.9	7.4	18.8	7.1	1.9	0.1
86	49.0	20.9	18.2	25.5	17.0	2.7	7.0	7.5	19.0	7.2	1.9	0.1
87	49.5	21.0	18.3	25.7	17.1	2.7	7.0	7.5	19.3	7.2	1.9	0.1
88	50.0	21.0	18.4	25.9	17.2	2.8	7.1	7.6	19.5	7.3	2.0	0.1
89	50.5	21.1	18.5	26.1	17.3	2.8	7.1	7.6	19.8	7.3	2.0	0.1
90	51.0	21.2	18.7	26.3	17.5	2.8	7.2	7.7	20.0	7.4	2.0	0.2
91	51.5	21.3	18.8	26.5	17.6	2.8	7.2	7.7	20.3	7.4	2.0	0.2
92	52.0	21.4	18.9	26.7	17.7	2.9	7.2	7.7	20.5	7.4	2.1	0.2
93	52.5	21.5	19.0	26.9	17.8	2.9	7.3	7.8	20.8	7.5	2.1	0.2
94	53.0	21.5	19.2	27.1	18.0	2.9	7.3	7.8	21.0	7.5	2.1	0.2
95	53.5	21.6	19.3	27.3	18.1	3.0	7.4	7.9	21.3	7.6	2.2	0.3
96	54.0	21.7	19.4	27.5	18.2	3.0	7.4	7.9	21.5	7.6	2.2	0.3
97	54.5	21.8	19.5	27.7	18.3	3.0	7.4	7.9	21.8	7.6	2.2	0.3
98	55.0	21.9	19.7	27.9	18.5	3.1	7.5	8.0	22.0	7.7	2.3	0.3
99	55.5	20.0	19.8	28.1	18.6	3.1	7.5	8.0	22.3	7.7	2.3	0.3
100	56.0	22.0	19.9	28.3	18.7	3.1	7.6	8.1	22.5	7.8	2.3	0.4
101	56.5	22.1	20.0	28.5	18.8	3.2	7.6	8.1	22.8	7.8	2.4	0.4
102	57.0	22.2	20.2	28.7	19.0	3.2	7.7	8.2	23.0	7.9	2.4	0.4
103	57.5	22.3	20.3	28.9	19.1	3.3	7.7	8.2	23.5	7.9	2.4	0.4
104	58.0	22.4	20.4	29.1	19.2	3.3	7.7	8.2	23.5	7.9	2.5	0.4

第三节　省的构成及位置

一、省形成的原理

纵观人体的截面，可知人体是个复杂的立体，为了使服装合体、美观，必须研究服装结构原理。在服装结构设计中，将平面的服装面料覆盖于人体曲面上，通常采用收省、打褶、抽褶等方法，以实现平面到立体的转换，而省道是使用最多的技术手段。

女装上衣款型的变化非常丰富，主要是指前、后衣结构的分割变化，为了使服装达到良好的立体合身效果，利用省道是最常用的方法。女装主要体现女性身体的曲线美，用平面布料包裹在人体上时，通常用收省来使之隆起形成锥面，收掉多余的部分使之达到合身效果。除此之外，还可以用褶裥、布料的伸缩等来完成。凡是一端用缝线缉起来到另一端逐渐变小并消失的，均称为省道。在女装结构设计中，所有省尖指向BP的省都称为胸省。合体型女装中，对胸省的处理尤为重要（图6-32）。

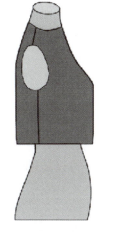

图6-32　收省效果比较

二、省道的分类

服装不同部位的省道，其所在位置和外观形态是不同的，分类方法也不同。

1. 按省道的形态分类

按省道的形态，省道分为锥形省、丁字省、弧形省、橄榄省、喇叭省、开花省、S形省、折线省（图6-33）。

（1）锥形省：省形类似锥形的省道，常用于制作圆锥形曲面，如腰省、袖肘省等。

（2）丁字省：省形类似"丁"字的省道，上部较平，下部呈尖形，常用于表达肩部和胸部复杂形态的曲面，如肩省、领口省等。

（3）弧形省：省形为弧形的省道，有从上部至下部均匀变小及上部较平、下部呈尖形等形态，也是一种兼备装饰功能的省道。

（4）橄榄省：省形为两端尖、中间宽的省道，常用于上装的腰省。

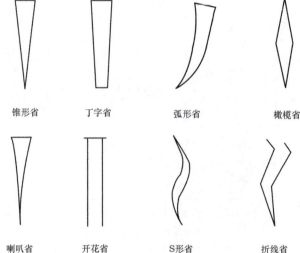

图6-33　省道分类（1）

（5）喇叭省：又叫作胖形省，省形似喇叭，常用于下装设计。

（6）开花省：省道的一端为尖形，另一端为非固定形，或者两端都是非固定的开头花省。收省布料正面呈镂空状，是一种兼具装饰性与功能性的省道。

（7）S形省：省形似英文字母"S"，两端是尖形的。

（8）折线省：构成省道的省边是折线形的。

2. 按省道在服装中的部位名称分类

按省道在服装中的部位名称，省道可分为肩省、领省、袖窿省、腰省等（图6-34）。

（1）肩省。省底在肩缝部位的省道，常作成"丁"字形。前衣身的肩省是为作出胸部的形态，后衣身的肩省是为作出肩胛骨形态。

（2）领省。省底在领口部位的省道，常作成上大下小、均匀变化的锥形。其主要作用是作出胸部和背部的隆起形态，以及作符合颈部形态的衣领设计。领省常代替肩省，因为它有隐藏的优点。

（3）袖窿省。省底在袖窿部位的省道，常作成锥形。前衣身的袖窿省作出胸部的形态，后衣身的袖窿省作出背部的形态，常以连省的形式出现。

（4）腰省。省底在腰节部位的省道，常作成锥形（图6-34）。

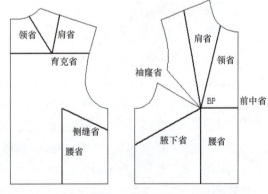

图6-34　省道分类（2）

三、省的转移原理、方法及操作

1. 省的转移原理

对于服装来说，省道的位置是可以变化的，在同一衣片上省的位置从一个地方移至另一处，不影响尺寸及适体性。这里所指的位置主要是身体凸起部位，如胸凸、肩胛凸、腹凸、臀凸、肘凸等。上衣的关键在于胸凸的处理。

胸省的转移如图 6-35 所示。由于胸凸主要集中在胸高点（BP）上，以凸点为圆心，向四周 360°范围内引起无数条射线均可设计省位。因此，胸省可以相互转移，但是得到的立体效果仍是完全相同的，所处不同位置的省可根据其位置命名，但其实质都是对胸部实施造型，胸省的唯一变化都能给女装设计创造一个无穷大的款式库。

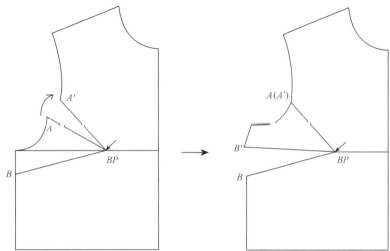

图 6-35　胸省的转移

理论上的胸省及其转移必须通过胸高点，而在实际运用中，省尖点指向 BP 但不应到达 BP，需距离 3 cm 左右以求美观文雅，适合胸部的真正状态（类似球面而非锥面）。

2. 常用的转移方法

（1）按操作方法分。

①纸样折叠法。又称纸样剪开法，它的基本原理是，剪开预定的省线至 BP 点，折叠原省量，使剪开线成张角，从而将省移动到预定的位置。

②纸样旋转法。纸样旋转法的原理与纸样折叠法基本相同，但在方法上有所区别，纸样折叠法需要将纸样剪开，使用一次后便无法使用；纸样旋转法不需要将纸样剪开，能保持纸样的完整并可以多次使用，但操作过程比较复杂。

（2）按转移类型分。

①全省转移。将全胸省量从一个地方全部转移到另一个地方的转移方式，适合合体型服装。

②部分转移。将全胸省量的一部分根据款式需要进行转移，另一部分留在原处作放松量。

③分解转移。根据款式的需要，将全胸省量分成若干份转移到所需的位置。

3. 省转移实例

（1）袖窿省转移为侧缝省，如图 6-36 所示。

①将 BP 点和转移位置用线连接，将此点作为 B 点。

②将胸省的胸线侧作为 A 点，并将 BP 点作为基点压住，顺时针方向转动原型样板，使 A 点与 A' 点重叠，此时，由于 B 点移动而产生了 B' 点。

③画出 $A(A')$ 点到 B' 点的轮廓线，并用直线连接 B' 点到 BP 点。由于袖窿省的闭合，B 点转移到了 B' 点，胸省就转移到了侧缝上。由于 B 点和 BP 点之间的距离比 A 点和 BP 点之间的距离长，

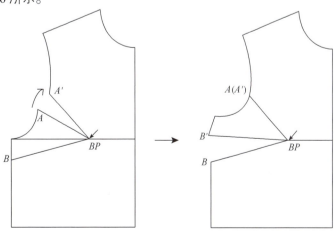

图 6-36　袖窿省转移为侧缝省

所以侧线上的省量也大了。

（2）袖窿省转移为腰省，如图6-37所示。

①将BP点和转移的位置用线连接，将此点作为B点。

②将胸省的胸线侧作为A点，再以BP点为基点压住，顺时针方向转动原型样板，使A点移动到A′点上重叠，此时由于B点的移动又产生了B′点。

③画出A（A′）点到B′点的轮廓线，并直线连接B′点和BP点。这样，胸省就转移到腰围线上。B点和BP点之间的距离比A点和BP点之间的距离长，所以在腰围线上的省量也大。

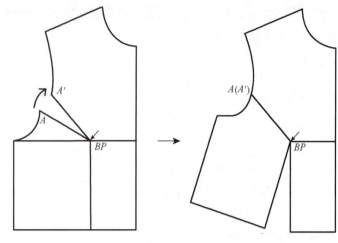

图6-37　袖窿省转移为腰省

（3）袖窿省转移为肩省，如图6-38所示。

①将BP点和转移位置连接，将此点作为B点。

②将胸省的BP点侧作为A点，再以BP点为基点压住，逆时针方向移动原型样板，使A点移动到A′点上重叠，此时由于B点的移动又产生了B′点。

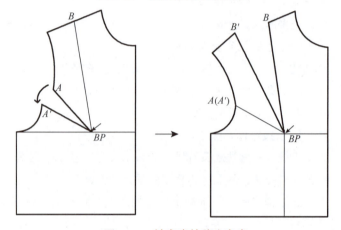

图6-38　袖窿省转移为肩省

③画出A（A′）点到B′点的轮廓线，并直线连接B′点和BP点。随着B点向B′点的转移，胸省就转移为肩省。由于B点和BP点之间的距离是A点和BP点之间距离的2倍左右，所以肩省的省量也成为袖窿省的省量的2倍。

（4）袖窿省转移为前中心省，如图6-39所示。

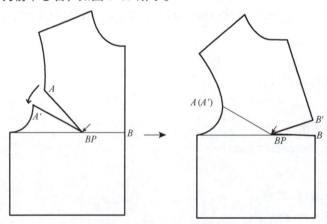

图6-39　袖窿省转移为前中心省

①把BP点和转移位置用线连接起来，此点作为B点。

②将胸省的SP点作为A点，再以BP点为基点压住，逆时针方向转动原型样板使A点移动到A′点上重叠，此时由于B点的移动产生了B′点。

③画出 A（A'）点到 B' 点的轮廓线，并直线连接 B' 点到 BP 点。随着 B 点向 B' 点转移，胸省就转移到前中心。B 点和 BP 点之间的距离比 A 点和 BP 点之间的距离短，所以在前中心的省量少。

4．省的操作实例

省大多用于向袖窿、领围转移或者分散制作样板的场合。肩省向袖窿转移或者分散成为袖窿的放松量或者垫肩的放松量，在样板上作为省而不被除去。

（1）肩省向袖窿转移，如图 6-40 所示。

①将肩省省尖和转移的位置用直线连接起来，并将此点作为 D 点。

②将肩省 SP 点作为 C 点，压住肩省省尖作为基点，将 C 点转移到 C' 点，同时 D 点也向 D' 点转移。

③作从 C（C'）点到 D' 点的轮廓线。肩省便完成了向袖窿的转移。

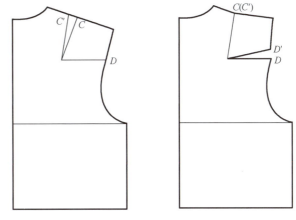

图 6-40　肩省向袖窿转移

（2）肩省向领围转移，如图 6-41 所示。

①将肩省省尖和转移的位置用直线连接起来，并将此点作为 E 点。

②把肩省的 SNP 点作为 C 点，并把肩省省尖压住作为基点，把 C 点向 C' 点转移，同时 E 点向 E' 点转移。

③作从 C（C'）点到 E' 点的轮廓线。

肩省完成了向后领围的转移，这时省成为后领围省或高领围省。

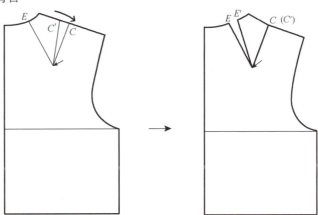

图 6-41　肩省向领围转移

（3）肩省向肩和领围转移，如图 6-42 所示。

①将肩省省尖和转移位置用直线连接起来，并将此点作为 E 点。

②把肩省的 SNP 点作为 C 点，并将省量等分的位置作为 C'' 点。

③以肩省省尖为基点压住，将 C 点向 C'' 点移动，将 E 点向 E' 点转移。

④作 E' 点到 C（C''）点的轮廓线。

肩省被部分分散转移到了后领围中。被转移到领围的省最终被款式消化或成为省、缩缝量。

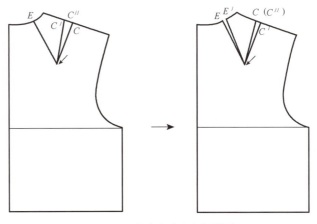

图 6-42　肩省向肩和领围转移

（4）肩省向领围和袖窿转移，如图 6-43 所示。

①将肩省省尖和转移位置用直线连接起来，并确认为 D、E 点。

②将肩省的 SNP 点作为 C 点，并将省量等分的位置作为 C'' 点。

③压住肩省省尖作为基点，首先把 C 点向 C'' 点移动，然后将 E 点向 E' 点移动。

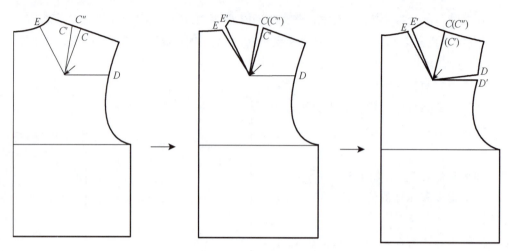

图 6-43　肩省向领围和袖窿转移

④作 E' 点到 C（C''）点的轮廓线。肩省被分散到了后领围。

⑤将 C' 点转移到 C（C''）点，同时将 D 点转移到 D' 点。

⑥作 C（C''）点到 D' 点的轮廓线，剩下的肩省量被转移到了袖窿线。被转移到袖窿线的省，成为袖窿的放松量。

（5）腰省的操作。腰省是指腰部有分割的紧身款式。侧面的省在样板上闭合，不作为省。

（6）后腰省的操作如图 6-44 所示。

①将腰省近侧缝线一侧作为 A 点，并将此省尖作为 B 点。

②把 B 点和转移的位置连接，并将此点作为 C 点。

③压住 B 点作为基点，把 A 点向 A' 点转移。

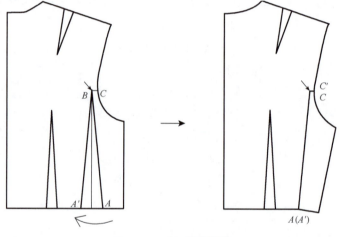

图 6-44　后腰省的操作

④作 A（A'）点到 C' 点的轮廓线。C 点向 C' 点转移形成腰省闭合，C 点到 C' 点的展开成为袖窿的放松量。

（7）前腰前腋下省的操作如图 6-45 所示。

①将腰省近侧缝线一侧作为 A 点，并将其省尖作为 B 点。

②压住 B 点作为基点，把 A 点向 A' 点转移。

③画出 A（A'）点到 B 点的轮廓线。腰省被闭合。

（8）省的分解转移如图 6-46 所示。

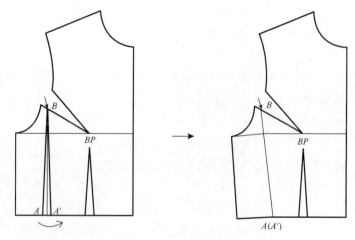

图 6-45　前腰前腋下省的操作

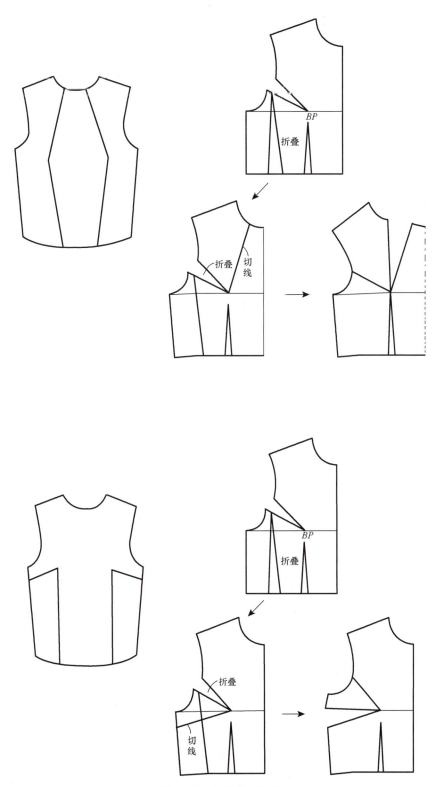

图 6-46 省的分解转移

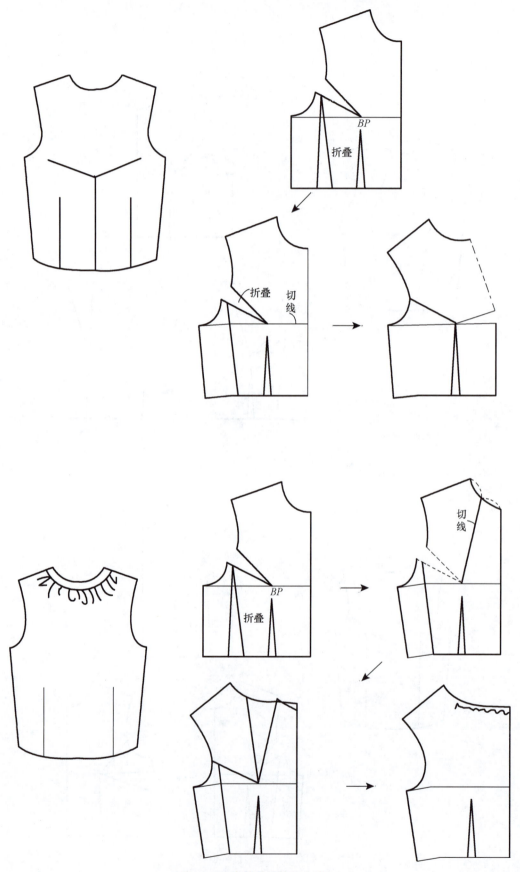

图 6-46 省的分解转移（续）

四、胸省的转换

胸省的转换是指在省的致凸量不变的情况下,改变省的外在表现形式的方法(图6-47)。省的外在表现形式有省道、折裥、细褶、展开、断缝等形式。

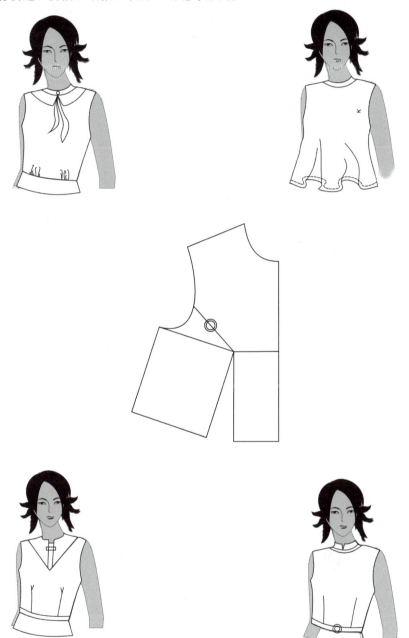

图6-47 胸省的转换

五、省的组合运用

1. A款

步骤(图6-48):

(1)作领口至BP点的展开分割线,合并袖窿省至领省,使领口张开。

（2）作肩缝造型分割线，将其扩展造型所需褶量。

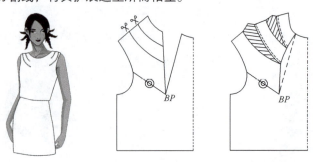

图6-48　省的组合运用（A款）

2．B款

步骤（图6-49）：

（1）作侧缝分割线，使袖窿省和胸腰省合并转移至侧缝，并确定肩至侧缝的纵向展开分割线。

（2）将分割线之间的纸样剪开扩展所需褶量，画顺展开后的分割线。

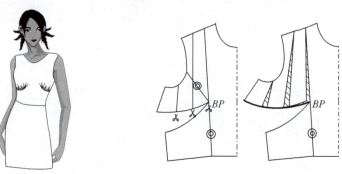

图6-49　省的组合运用（B款）

3．C款

步骤（图6-50）：

（1）在领口弧作展开分割线。

（2）合并袖窿省至领口，使领口自然张开，扩展褶量，画顺领口展开弧线。

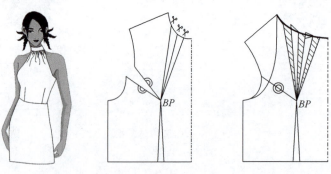

图6-50　省的组合运用（C款）

4．D款

步骤（图6-51）：

（1）作肩至前中的造型分割线，合并袖窿省和胸腰省至肩部，并确定前侧片横向分割线。

（2）将前侧片横向分割线展开，在分割线扩展需要的褶量，并画顺展开后的弧线。

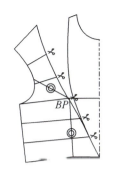

图 6-51　省的组合运用（D 款）

5．E 款

步骤（图 6-52）：

（1）作好造型线及前中止口的展开分割线，合并袖窿省转移至胸腰省。

（2）将前中止口分割线展开，使胸腰省量转移至前止口，并画顺前止口线。

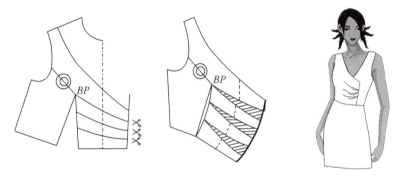

图 6-52　省的组合运用（E 款）

6．F 款

步骤（图 6-53）：

（1）作育克造型，关闭袖窿省。

（2）将胸腰省总量的 2/3 转移至育克部位。

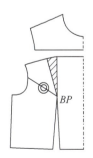

图 6-53　省的组合运用（F 款）

7．G 款

步骤（图 6-54）：

（1）作横向和纵向育克分割线。

（2）合并袖窿省转移至 BP 上方，展开育克部分纵向分割线至所需的褶量，弧线画顺。

 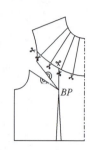 

图 6-54 省的组合运用（G 款）

8．H 款

步骤（图 6-55）：

（1）在前止口作展开分割线。

（2）合并袖隆省和胸腰省转移至前中。

 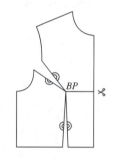 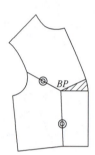

图 6-55 省的组合运用（H 款）

六、系列省转移图例

系列省转移图例如图 6-56 所示。

图 6-56 系列省转移图例

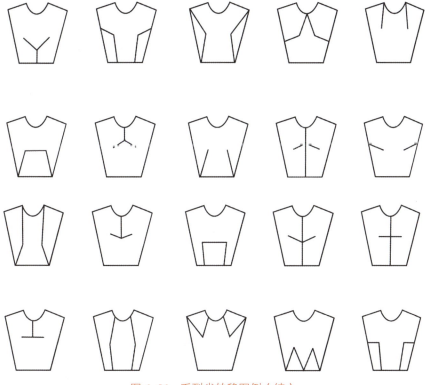

图 6-56 系列省转移图例(续)

微课:衣身结构设计(一)　微课:衣身结构设计(二)　微课:衣身结构设计(三)　微课:衣身结构设计(四)

微课:衣身结构设计(五)　　微课:衣身结构设计(六)　　微课:衣身结构设计(七)

第七章 上装实例运用

第一节 衬衫结构设计

一、泡泡袖衬衫

1. 款式特点

泡泡袖衬衫（图7-1）的特点为具有男式衬衣领、泡泡袖，门襟明贴边，前、后各两腰省，采用休闲时尚的复古造型，规格设计，衣长较短且合体，衣身形态优美。

2. 规格设置

号型：160/83A；

衣长：52 cm；　　袖长：58 cm；

胸围：90 cm；　　肩宽：36 cm；

腰围：74 cm；　　臀围：94 cm；

袖克夫：5 cm；　　袖口：12 cm。

图7-1　泡泡袖衬衫款式图

3. 结构要点

前胸围大于后胸围，且后衣上平线高于前衣上平线0.5 cm，胸省设为2 cm（图7-2、图7-3）。

4. 排料图

排料图如图7-4所示。

5. 泡泡袖衬衫立裁

（1）坯布准备，如图7-5所示。

（2）立裁过程。

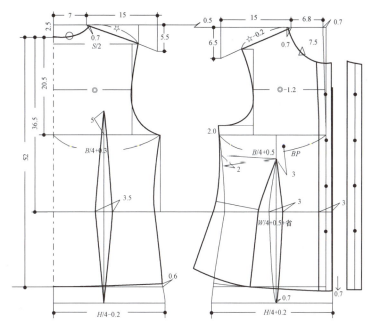

图 7-2 前、后衣片结构

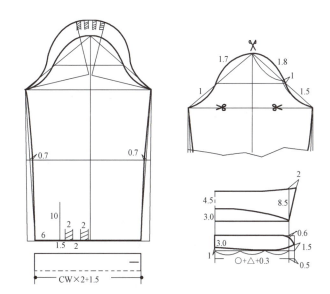

图 7-3 袖片结构

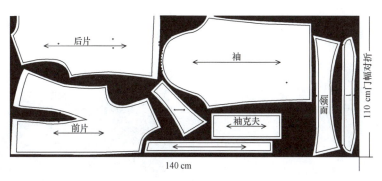

图 7-4 排料图

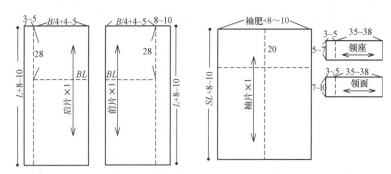

图 7-5 衬衫立裁坯布

1）立裁制作（前片）。

①将布料中心线直丝对准人台的前中心线，胸部留取放松量并用大头针固定（图 7-6）。

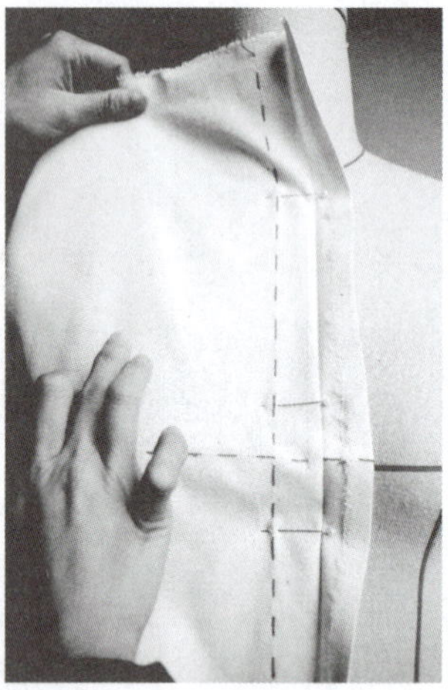

②将布料横丝对齐人台的胸围线，并在胸高点附近预留 0.5 cm 左右的放松量（图 7-7）。

③在胸高点附近顺直丝方向推至侧颈点附近定针，在领圈处预留 0.2~0.3 cm 的放松量（图 7-8）。

④清剪领圈弧线，作剪口（图 7-9）。

⑤于侧面完成立体面的构筑，在转折面内预留 0.7~1 cm 的活动松量（图 7-10）。

⑥完成侧缝线并用标示线贴出（图 7-11）。

⑦清剪袖笼及肩线处的缝份（图 7-12）。

图 7-6 将布料中心线直丝对准人台前中心线

⑧依纱向的稳定性将胸围线以下的余量制作成胸腰省，并留一定的腰部放松量（图 7-13）。

⑨于基础肩端点向内 1 cm 左右确定该款式的肩端位（图 7-14）。

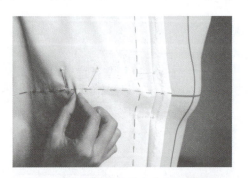

图 7-7 将布料横丝对齐人台的胸围线

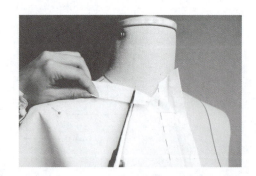

图 7-8 定针

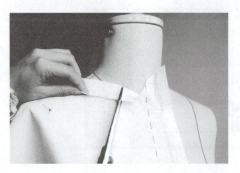

图 7-9 作剪口

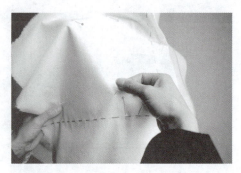

图 7-10 预留活动松量

   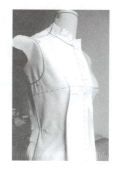

图 7-11　贴标示线　　　图 7-12　清剪缝份　　　图 7-13　制作胸腰省　　　图 7-14　确定肩端位

2）立裁制作（后片）。

①将布料后中心线直丝对准人台后中心线，面料横丝与人台胸围线重叠，并用大头针固定（图 7-15）。

②在肩胛骨处预留 0.3～0.5 cm 的放松量（图 7-16）。

③在肩胛骨推一直丝至后侧颈点附近定针，在后领圈处预留 0.2～0.3 cm 的放松量（图 7-17）。

④于横背宽与背宽直线处推一直丝至后肩端点附近定针（图 7-18）。

图 7-15　将布料后中心线直丝对准人台后中心线

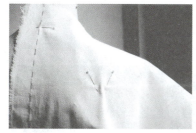  

图 7-16　预留放松量　　　图 7-17　定针（1）　　　图 7-18　定针（2）

⑤于后片的胸围线附近构筑立体面，并留出 1.5～2 cm 的放松量（图 7-19）。

⑥将后片胸围线以下腰节处的多余量摄取成腰省，预留腰部的放松量（图 7-20）。

⑦完成肩斜线、侧缝线、袖笼弧线，贴好标示线并清剪（图 7-21）。

图 7-19　构筑立体面　　　图 7-20　摄取腰省　　　图 7-21　清剪

⑧前、后片肩斜线和侧缝线对别试样（图 7-22）。

3）立裁制作（领片）。

①在领圈处贴上标示线，准备绱领后中心线对齐底领布（图 7-23）。

②确定绱领位置，用针固定。确定领座的绱领位置后，按底领宽剪去多余部分（图 7-24）。

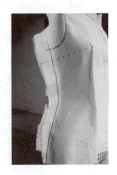 

图 7-22　试样

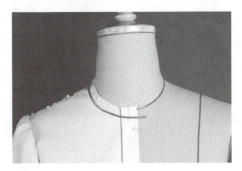 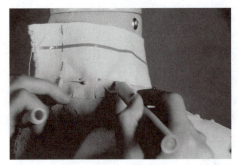

图 7-23　贴标示线　　　　　　　　图 7-24　剪去多余部分

③剪出翻领布的绱领线。翻领与领座相连部分的绱领线最好预先画出，并先裁掉（图 7-25）。

④将翻领与领座后中心线对齐，内侧相接，用别针固定，打若干剪口（图 7-26）。

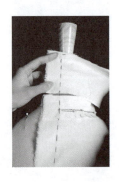  

图 7-25　绱翻领　　　　　　　　　图 7-26　打剪口

⑤确定翻领宽，按设计图稿确定领口外口线（图 7-27、图 7-28）。

图 7-27　确定领口外口线（1）　　　　图 7-28　确定领口外口线（2）

4）立裁制作（袖片）。

①按立裁取样的衣片袖笼弧线，平面预裁袖片。

②绷袖子。确认袖肥、袖长、袖头宽等轮廓后，做好袖口开衩，将袖头用针固定（图7-29）。

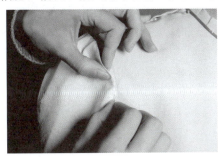

图7-29 绷袖子

6．拓样

拓样如图7-30所示。

图7-30 拓样

二、波浪领衬衫

1．款式特点

波浪领衬衫（图7-31）在外观上看轻盈飘逸，具有波浪领、喇叭袖，为半紧身造型，整体呈X形。

2．成品规格

号型：160/83A；

衣长：60 cm；

袖长：23 cm；

胸围：87 cm；

肩宽：36 cm；

腰围：71 cm；

臀围：92 cm。

3．结构要点

（1）前胸围大于后胸围，且后衣上平线高于前衣上平线0.5 cm，胸省设为2.3 cm。

（2）前、后肩颈点高度差为0.5 cm，转换省2.0 cm。领与袖按图7-32所示位置作切展，腰节线下部分合并后腰省按图7-33所示作纸样补正。

图7-31 波浪领衬衫款式图

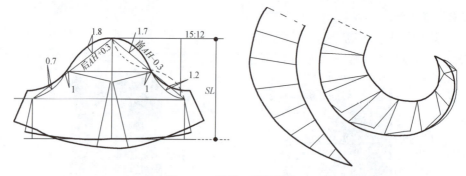

图 7-32 袖片、领片结构

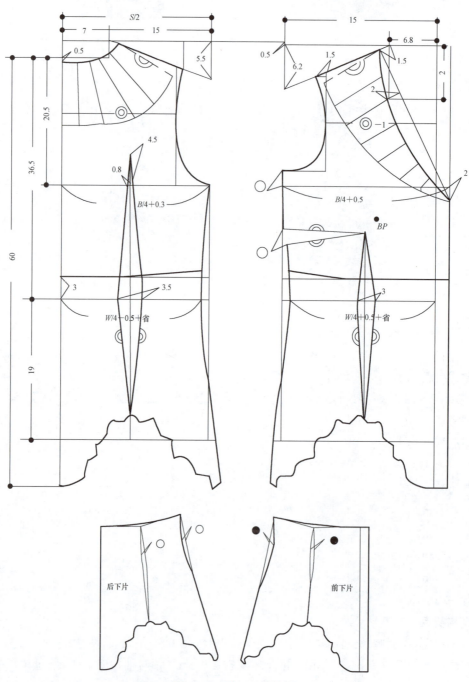

图 7-33 前、后片结构

三、短袖衬衫

1. 款式特点
短袖衬衫（图 7-34）具 V 形翻折领，前、后各两腰省，短袖合体。

2. 成品规格
号型：160/82A；

衣长：56 cm；

袖长：18 cm；

胸围：90 cm；

肩宽：38 cm；

腰围：74 cm；

臀围：94 cm。

3. 结构要点
前胸围大于后胸围，且后衣上平线高于前衣上平线 0.5 cm，胸省设为 2 cm（图 7-35、图 7-36）。

图 7-34　短袖衬衫款式图

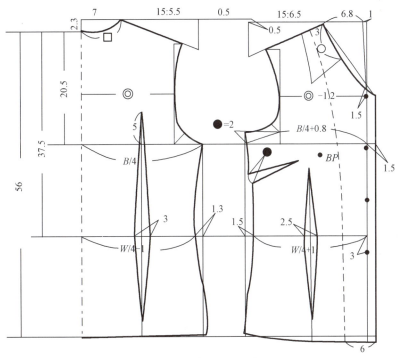

图 7-35　短袖衬衫结构

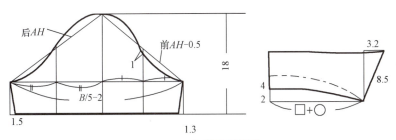

图 7-36　短轴袖片结构

第二节 连衣裙结构设计

一、V形领连衣裙

1. 款式特点

（1）V形领，无袖，前有两腰省，腋下左、右各有一省，后开拉链。

（2）半紧身，整体呈A形造型（图7-37）。

2. 成品规格

号型：160/83A；

胸围：90 cm；

肩宽：35 cm；

衣长：98 cm；

腰围：74 cm；

臀围：100 cm。

图7-37 V形领连衣裙款式图

3. 结构要点

前胸围大于后胸围，且前衣上平线高于后衣上平线1 cm，胸省设为3.5 cm，前肩颈点在正常位置上再下落0.2 cm（图7-38）。

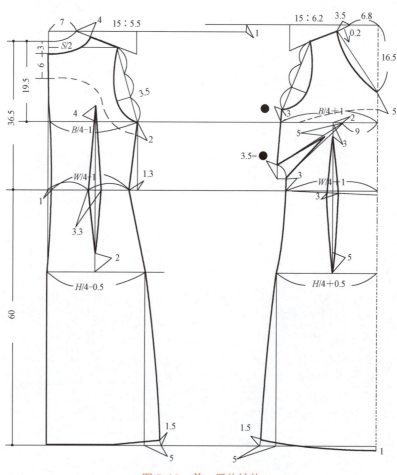

图7-38 前、后片结构

二、两截式连衣裙

1. 款式特点

两截式连衣裙为 A 字形长款连衣裙，无领、盖肩短袖，腰节分割线稍低于胸围线，突出强调胸部造型；腰节分割线以下的轮廓造型为喇叭形；背中剖缝，装隐形拉链；上身合体，下摆展开，呈 A 形造型（图 7-39）。

2. 成品规格

号型：160/84A；

胸围：84 cm；

肩宽：38 cm；

衣长：95 cm；

袖长：10 cm；

臀围：90 cm。

3. 结构要点

前胸围大于后胸围，且前衣上平行线高于后衣上平行线 0.8 cm，胸省设为 3.5 cm（图 7-40）。

图 7-39　两截式连衣裙款式图

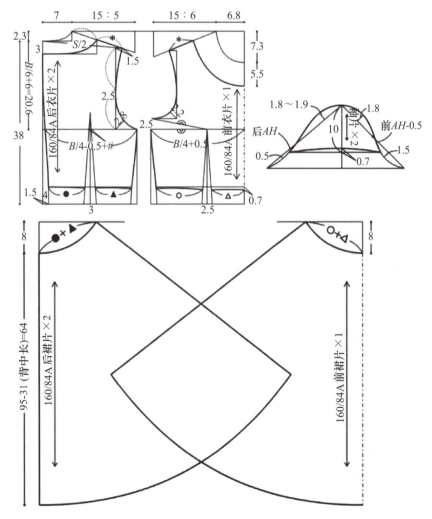

图 7-40　两截式连衣裙结构

三、旗袍

1. 款式特点

此款为合体型旗袍，中式立领，无袖，前片收腋下省及胸腰省，后片收腰省，偏门襟，钉两对中式盘扣，右侧缝装拉链，开摆衩，领上口、偏襟、袖窿、摆衩及底边处采用绲边镶嵌工艺（图7-41）。

2. 成品规格

号型：160/84A；

衣长：110 cm；

胸围：88 cm；

腰围：70 cm；

臀围：92 cm；

肩宽：33 cm；

领围：36 cm。

3. 结构要点

前胸围大于后胸围，且前衣上平行线高于后衣上平行线1 cm（图7-42）。

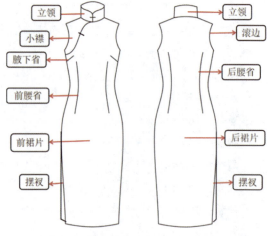

图7-41 旗袍款式图

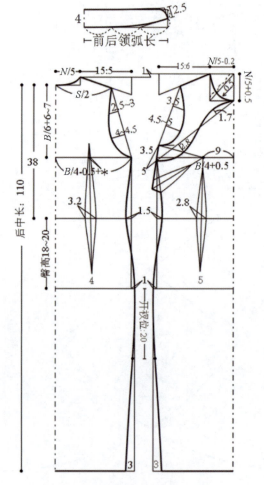

图7-42 旗袍结构图

第三节 女式马夹结构设计

一、普通马夹

1. 款式特点

普通马夹的款式为V形领，窄肩，四粒扣，前、左、右各有两腰省、两口袋，半紧身造型着装在衬衣上，端庄而典雅（图7-43）。

2. 成品规格

号型：160/83A；

胸围：88 cm；

肩宽：30 cm；

衣长：45 cm。

3. 结构要点

前胸围大于后胸围，且后衣上平线高于前衣上平线0.5 cm，胸省设为2 cm（图7-44）。

图7-43 普通马夹款式图

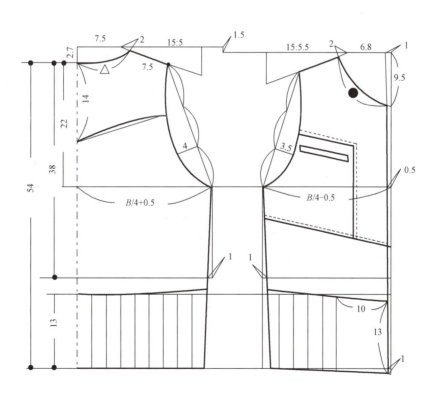

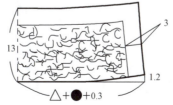

图7-44 普通马夹结构

二、时装马夹

1. 款式特点

时装马夹为戗驳领中长款马夹，前开门，单排扣，袖窿刀背缝分割，前片设两个圆角大贴袋，领子、门襟、贴袋处缉明线。时装马夹可作为外套，胸围的放松量可以适当加大，面料可用各种毛料、毛涤等（图7-45）。

2. 成品规格

号型：160/84A；

胸围：90 cm；

肩宽：38-4=34（cm）；

衣长：70 cm；

腰节：38 cm。

3. 结构要点

前胸围大于后胸围，且前衣上平行线高于后衣上平行线1 cm（图7-46）

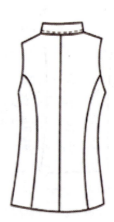

图7-45 时装马夹款式图

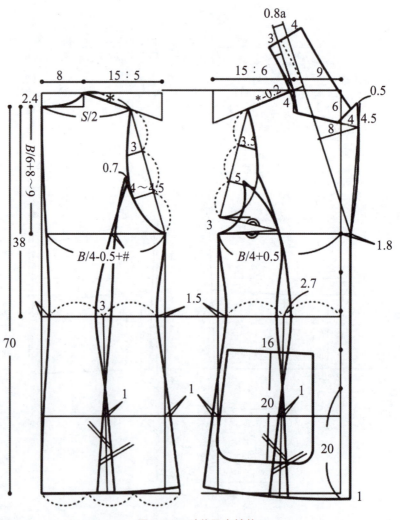

图7-46 时装马夹结构

第四节 女套装结构设计

一、驳领刀背缝女西服

1. 款式特点

驳领刀背缝女西服的款式为三粒扣、平驳领、四开身结构,利用刀背缝分割线突出服装的立体感(图7-47)。

2. 成品规格

号型:160/83A;

胸围:95 cm;

肩宽:40 cm;

衣长:60 cm;

腰围:74 cm;

臀围:100 cm;

袖长:56 cm;

袖口:13 cm。

3. 结构要点

(1)后片:原型肩省合并1/3,后横领开大0.7 cm,由于需要装垫肩,故留有部分肩省。

(2)前片:原型偏胸1 cm,2/3袖窿省隐藏在刀背缝分割线中(图7-48)。

图7-47 驳领刀背缝女西款式图

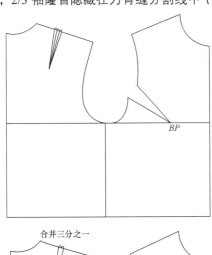

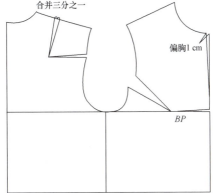

图7-48 前后片结构图

（3）衣身结构如图7-49所示。

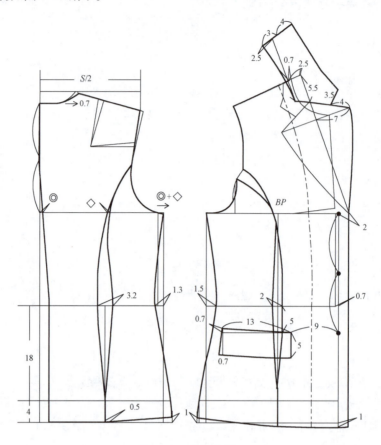

图7-49　衣身结构

（4）袖子结构如图7-50所示。

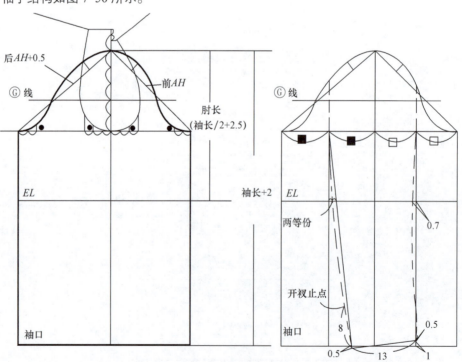

图7-50　袖子结构

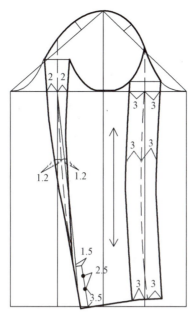

图 7-50 袖子结构（续）

二、西装立裁

1．坯布准备

坯布准备如图 7-51 所示。

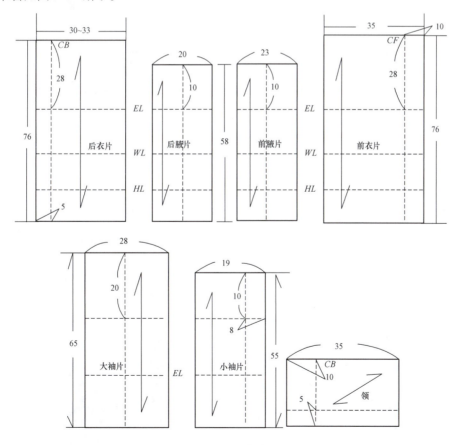

图 7-51 坯布准备

2. 人台准备

（1）肩部补正。

①从后颈点（BNP）开始量。垫肩比设定的肩宽为 1 cm，向手臂侧伸出 1 cm，用大头针固定（垫肩为厚 1 cm 的普通圆垫肩），如图 7-52 所示。

②定肩线位置。贴出袖窿上部轮廓，如图 7-53 所示。

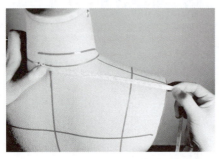

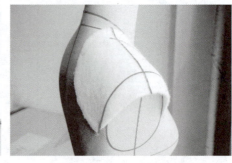

图 7-52　量尺寸　　　　　　　　　　　　图 7-53　定肩线位置

注：窄肩造型的不需要补正肩部。

（2）标上基准线。

①前中心向外移动 0.5 cm，确定前端门襟宽，在驳头的翻折止点贴出翻折线，并作出驳头和上领的轮廓线（图 7-54、图 7-55）。

图 7-54　确定前端门襟宽　　　　　　　　图 7-55　贴翻折线

②贴完基准线后略远离人台，观察并确认整体感。

（3）立裁制作。

1）前片。

①将布料中心线与人台上向外移的中心线覆合，胸围线水平对准，并用大头针固定（图 7-56）。

②从 BP 点轻轻向上推布，用大头针固定，在前颈点稍上方打剪口，使布料覆合人台，放不平处打上剪口，整理领围与肩部（图 7-57）。

图 7-56　对准　　　　　　　　　　　　　图 7-57　打剪口（1）

③对准翻折止点水平打上剪口（图7-58）。
④依人台上的翻折线将布翻折贴出驳头的形状，并延长串口线2～2.5 cm（图7-59）。
⑤在胸宽处加入松量构成平面，裁去肩与袖窿上部多余的布（图7-60）。

图7-58　打剪口（2）　　　图7-59　贴驳头　　　图7-60　裁去多余的布（1）

⑥边推出胸、腰、臂的放松量，边设想分割线位置（图7-61）。
⑦在前衣片贴出分割线的位置，注意不要让胸、腰、臂的放松量移动，裁去侧边多余的布，再将前片轻轻向前折并固定（图7-62）。

图7-61　推出放松量　　　　　　　　图7-62　裁去多余的布（2）

⑧在侧面中央将前侧布的基准线垂直放置，BL、WL、HL水平放置，并推出所需放松量，再用大头针固定（图7-63）。
⑨将前片放平与侧片拼合。用反手抓合的手法，从腰开始捏合，一边整理刀背分割线，一边确保留出足够的放松量以便于运动（图7-64）。
⑩裁去刀背分割线处多余的布，并打上剪口（图7-65）。
⑪裁去袖窿底多余的布，在侧片的腰围处打上剪口，再将侧片轻轻向上折（图7-66）。

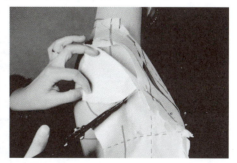

图7-63　推出放松量（1）　图7-64　抓合放松量　图7-65　打剪口（3）　　　图7-66　打剪口（4）

2）后片。
①将后衣片的中心线与人台的中心线垂直重合，BL、WL、HL保持水平，按箭头方向将颈侧点

固定，在不平处打剪口（图7-67）。

图7-67 打剪口（5）

② 从横背宽线向内进3～4cm，确定后中心线（图7-68）。

图7-68 确定后中心线

③ 在横背宽线处加入背宽的放松量，轻轻上移，对肩宽处的余量作偏缝处理（图7-69）。
④ 按③的手势推出胸、腰、臀的放松量（图7-70）。
⑤ 按款式贴出分割线（注意不要让放松量移动），裁去多余的布（图7-71）。

图7-69 对肩宽处的余量作偏缝处理　　图7-70 推出放松量（2）　　图7-71 裁去多余的布（3）

⑥ 整理肩部，将缩缝量平均分配并与前肩相合，用大头针固定（图7-72）。

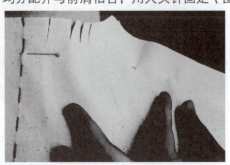

图7-72 整理肩部

⑦ 后侧片与前侧片一样处理（图 7-73）。
⑧ 调整放松量与转折面，并裁去分割线及袖窿底多余的布（图 7-74）。
⑨ 前、后侧布的 BL、WL、HL 对合，检查胸、腰、臀处的放松量，并用大头针固定，裁去多余的布（图 7-75）。

图 7-73　后侧片处理　　图 7-74　裁去多余的布（4）　　图 7-75　检查胸、腰、臀处的放松量

⑩ 确定并贴出领围线。袖窿前、后都只在袖窿上部贴出（图 7-76）。
⑪ 贴出下摆，从远处观察并确认整体感（图 7-77）。

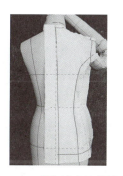

图 7-76　贴出领围线　　图 7-77　观察并确认整体感

3）整理衣身。
① 在衣身上点影，并用大头针组装，再次确认整体感（图 7-78）。
② 将标记好的布取下作熨烫处理，整理缝份（图 7-79）。
③ 用大头针将衣身固定成型（图 7-80）。

4）装领。
① 粗裁，准备好领的面料（图 7-81）。
② 将衣领的后颈点与衣领的后中心垂直对应，用大头水平针固定（图 7-82）。
③ 将衣领绕在脖上，一边打剪口一边用大头针固定，直到侧颈点，定领座高，翻折好，别上大头针（图 7-83）。

图 7-78　点影

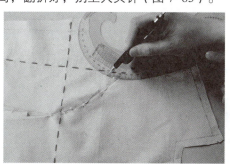

图 7-79　整理缝份　　图 7-80　将衣身固定成型

图 7-81　准备好领的面料　　　图 7-82　固定衣领　　　图 7-83　打剪口（6）

④ 从后向前绕，边检查驳头和翻折线及颈部与翻折线的间隙，边确定领外围，并在缝头上打剪口，整理形状（图 7-84）。

⑤ 确定领与驳头连接部分，边打剪口边从侧颈点到前领围处用大头针固定（图 7-85）。

⑥ 确定领缺嘴的位置和领的形状，并用大头针固定成形（图 7-86）。

⑦ 观察领的整体造型（图 7-87）。

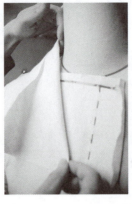 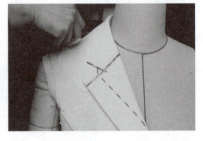

图 7-84　整理形状

 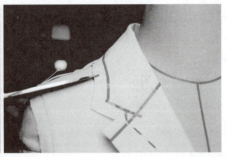

图 7-85　确定领与驳头连接部分　　图 7-86　确定领缺嘴的位置和领的形状　　图 7-87　观察领的整体造型

5）装袖。

① 配袖。

a. 准备好大小袖片的裁片，用平面法粗裁（图 7-88）。

 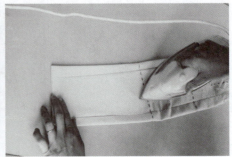

图 7-88　粗裁

b. 用大头针固定内、外袖侧缝（或手缝）并熨烫成型（图7-89）。

② 装袖。

a. 与衣身上袖窿线对准，在袖底前、后2～3cm的地方用大头针固定（图7-90）。

b. 把手臂套入衣袖中，在手臂自然下垂的状态下装袖，用藏针法固定袖窿上部，袖山高、袖肥依吃势量分配的变化来修正，完成装袖（图7-91）。

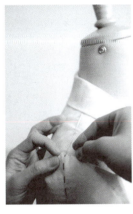

图7-89 固定内、外袖侧缝　　图7-90 固定　　　　　　图7-91 装袖

③ 最后从前、侧、后面查看用大头针固定成型的衣袖，并整理到满意状态（图7-92）。

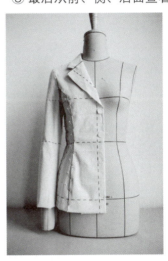

图7-92 整理

3．拓版

对裁片进行整理、熨烫，然后拓版（图7-93）。

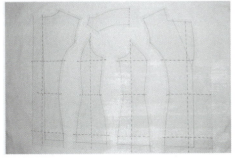

图7-93 拓版

三、弯驳领双排扣女时装

1.款式特点

弯驳领双排扣女时装（图 7-94）款式为双排扣、弯驳领、公主线设计，合体造型。

2.成品规格

号型：160/83A；

胸围：92 cm；

肩宽：38 cm；

衣长：58 cm；

腰围：76 cm；

臀围：96 cm；

袖长：54 cm；

袖口：13 cm；

领座：a=2.5 cm，b=5 cm。

图 7-94　弯驳领双排扣女时装款式图

3.结构要点

（1）此款式为合身型风格，前胸围大于后胸围，且前衣上平线高于后衣上平线 0.5 cm，胸省设为 2.7 cm。

（2）领口必须作拼接以使前翻折领平服（图 7-95）。

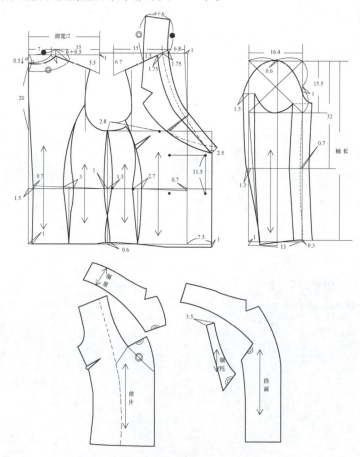

图 7-95　弯驳领双排扣女时装结构

四、公主线女西服

1. 款式特点
公主线女西服（图7-96）款式为三粒扣、平驳领、四开身结构、公主线分割、辑明线工艺设计。

2. 成品规格
成型：160/83A；
胸围：92 cm；
肩宽：39 cm；
衣长：54 cm；
腰围：76 cm；
臀围：96 cm；
袖长：57.5 cm；
袖口：14 cm。
领座：$a=2.5$ cm，$b=5$ cm。

3. 结构要点
此款式为合身型风格，前胸围大于后胸围，且前衣上平线高于后衣上平线1 cm，胸省设为3.3 cm（图7-97）。

图7-96 公主线女西服款式图

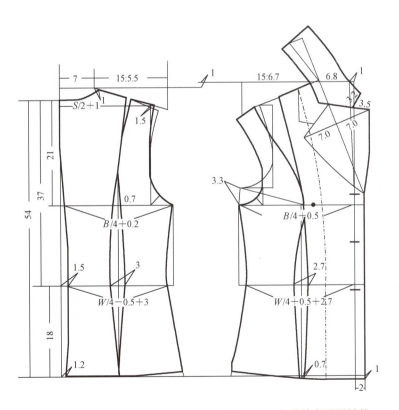

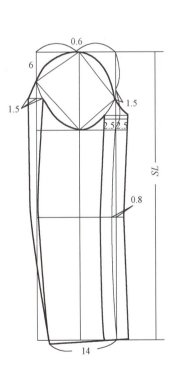

图7-97 公主线女西服结构

4. 排料图
排料图如图7-98所示。

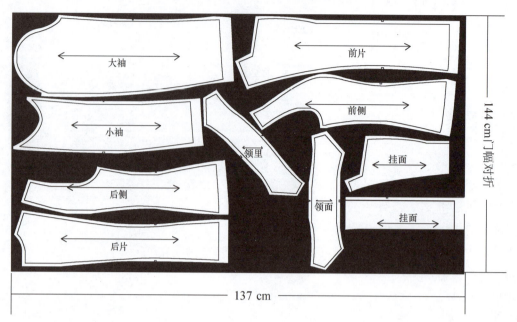

图 7-98　排料图

第五节　夹克衫结构设计

一、牛仔夹克衫

1．款式特点

牛仔夹克衫为合身造型，穿着年龄为 18～25 岁，线条流畅，时尚感强（图 7-99）。

2．成品规格

成型：160/83A；

胸围：90 cm；

肩宽：37.5 cm；

衣长：54 cm；

腰围：76 cm；

臀围：95 cm；

袖长：58 cm；

袖口：12 cm。

3．材料准备

面料的幅宽为 144 cm，用量约为 140 cm。

4．结构要点

前胸围大于后胸围，且后衣上平线高于前衣上平线 1 cm，胸省设为 1.5 cm（图 7-100）。

图 7-99　牛仔夹克衫款式图

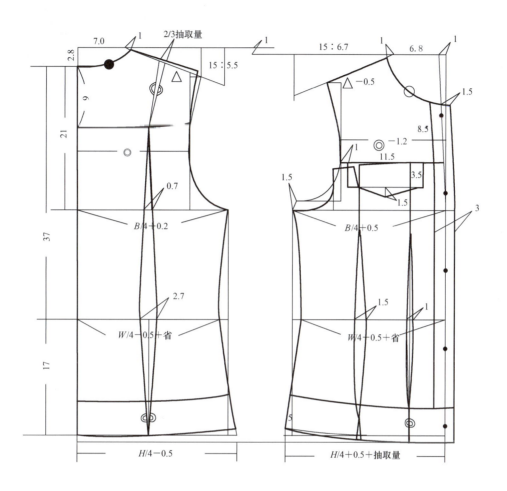
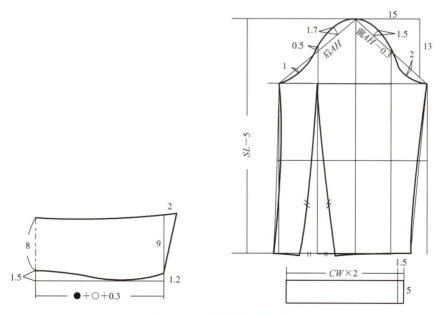

图 7-100　牛仔夹克衫结构

二、罗纹夹克

1. 款式特点

罗纹夹克为较宽松造型，下摆与袖口用罗纹设计，有斜插袋，装拉链（图7-101）。

2. 成品规格

成型：160/83A；

衣长：50 cm；

袖长：58 cm；

胸围：87 cm；

肩宽：41 cm；

臀围：92 cm。

3. 结构要点

前、后胸围相等分配，且后衣上平线高于前衣上平线1.2 cm（图7-102）。

图7-101 罗纹夹克款式图

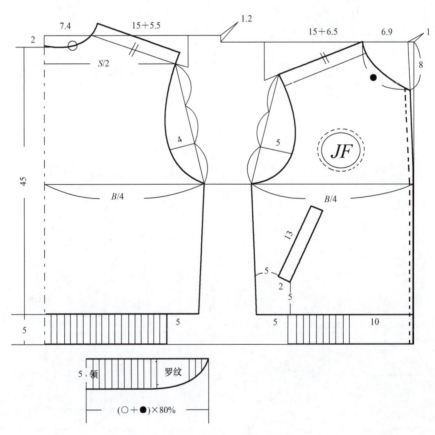

图7-102 罗纹夹克结构

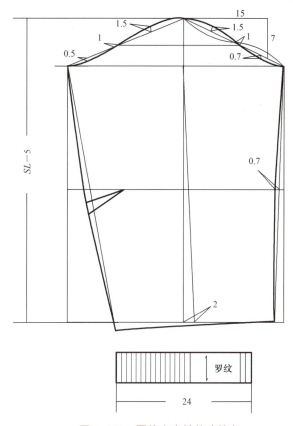

图 7-102　罗纹夹克结构（续）

三、两用领时装夹克衫

1. 款式特点

两用领时装夹克衫为合身造型，适合18～35岁的女性穿着，采用皮、革、牛仔布以及休闲的洗水面料均可，前止口采用不对称弧线造型，充分体现时尚元素，衣身通过分割线的造型可使人体曲线外露（图7-103）。

2. 成品规格

成型：160/83A；

胸围：90 cm；

肩宽：37.5 cm；

衣长：54 cm；

腰围：73 cm；

下摆：94 cm；

袖长：57.5 cm；

袖口：12 cm。

3. 结构要点

（1）前胸围大于后胸围，且前衣上平线高于后衣上平线0.3 cm，

图 7-103　两用领时装夹克衫款式图

胸省设为 2.5 cm。

（2）前片腋下省合并直接转移至公主线处，纵向分割线在 BP 点处重叠 0.2 cm 左右；后片肩省合并 2/3 转移至横向分割袖窿处（图 7-104）。

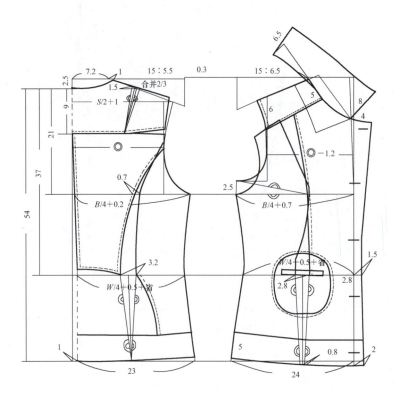

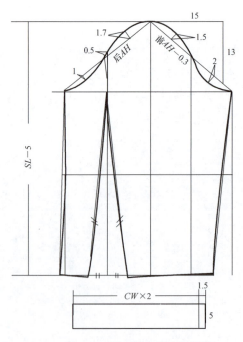

图 7-104　两用领时装夹克衫结构

第六节 女士大衣、风衣结构设计

一、女士大衣

1. 款式特点
女士大衣采用翻领、贴袋、纵横向分割线设计，合体造型（图7-105）。

2. 成品规格
号型：160/83A；

胸围：90 cm；

肩宽：37.5 cm；

衣长：86 cm；

腰围：74 cm；

臀围：96 cm；

袖长：57.5 cm；

袖口：12 cm。

3. 结构要点
（1）前胸围大于后胸围，且前衣上平线高于后衣上平线0.5 cm，胸省设为3 cm。

（2）前片腋下省合并转移至肩部横向分割线处，纵向分割线在BP点处重叠0.2 cm左右；后片肩省合并2/3转移至横向分割袖窿处（图7-106）。

图7-105 女士大衣款式图

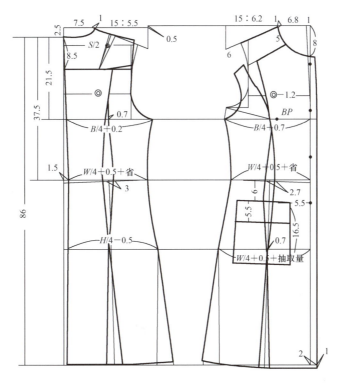

图7-106 女士大衣结构

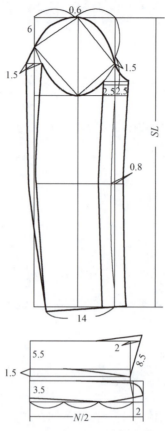

图 7-106 女士大衣结构（续）

二、插肩袖风衣

1. 款式特点

插肩袖风衣为具有插肩袖、暗明襟、插袋的较宽松型风衣（图 7-107）。

2. 成品规格

成型：160/83A；

胸围：102 cm；

肩宽：41 cm；

衣长：100 cm；

袖长：59 cm；

袖口：14 cm。

3. 结构要点

前胸围大于后胸围，且后衣上平线高于前衣上平线 1 cm，胸省设为 1.5 cm；前片合并腋下省放摆，后片腰节处切展放摆（图 7-108）。

图 7-107 插肩袖风衣款式图

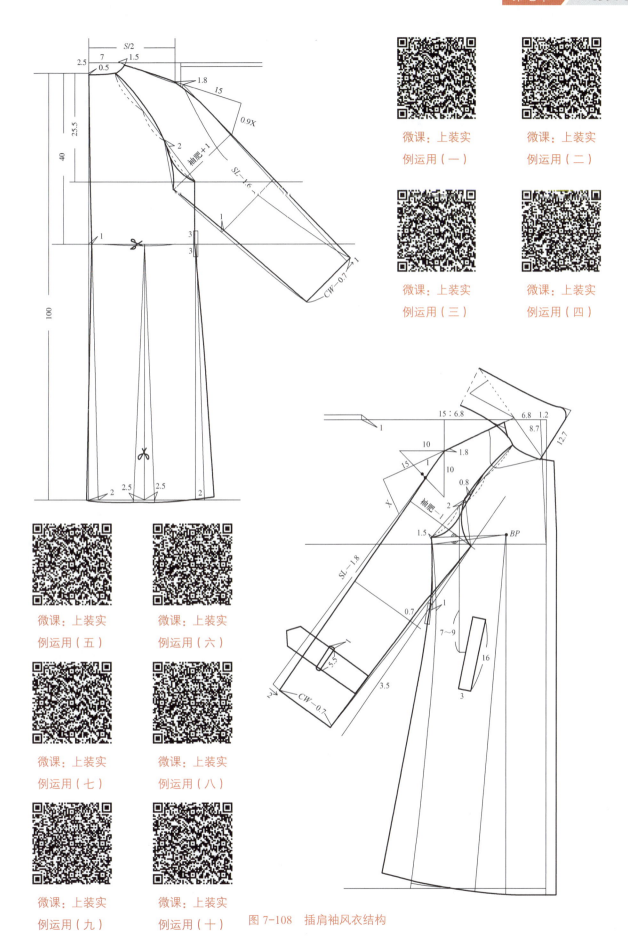

微课：上装实例运用（一）
微课：上装实例运用（二）
微课：上装实例运用（三）
微课：上装实例运用（四）
微课：上装实例运用（五）
微课：上装实例运用（六）
微课：上装实例运用（七）
微课：上装实例运用（八）
微课：上装实例运用（九）
微课：上装实例运用（十）

图 7-108　插肩袖风衣结构

参考文献

[1] 张文斌. 服装结构设计［M］. 北京：中国纺织出版社，2006.
[2] 刘瑞璞. 服装纸样设计原理与技术（女装篇）［M］. 北京：中国纺织出版社，2005.